Philosopher's Stone Series

哲人石丛书

立足当代科学前沿

彰显当代科技名家

绍介当代科学思潮

激扬科技创新精神

策　划

哲人石科学人文出版中心

当代科普名著系列

The Rise of Yeast

How the Sugar Fungus Shaped Civilization

酵母演义
真菌如何塑造人类文明

[英]尼古拉斯·P.莫尼　著

林凤鸣　译

上海科技教育出版社

对本书的评价

读完莫尼的《酵母演义》,不禁感慨,酵母这小小的微生物,有着大大的作用,交织着地球和人类文明的发展历史。我的课题组长期从事酿酒酵母的系统生物学和合成生物学的研究,书中提到的合成酵母人工染色体、构建酿酒酵母 Sc2.0,我们就承担了部分研究工作,并在《科学》上发表了两篇论文。即使这样,我仍可以通过阅读这本书深深地感受到酵母在食品、能源、医药健康等领域低调奢华般的存在。这是一本极其有趣的有关酵母的科普读物,作者妙笔生花、幽默生动,把很多专业知识写得通俗易懂,可读性极高。

——元英进,

中国科学院院士,合成生物学研究者

◇

在远古时代,地球上不同地区的人们因为地理阻隔几乎无法交流,从而形成了不同的文明。在不同的文明中,又都发展出了一些共同的东西——这些东西,就可以说是人类发展的必然。发酵,就是其中之一。人类与酵母的渊源很久远,远在知道它的存在之前,人们就已经会用它来酿酒和发面了。到今天,世界各地的传统美食中——面包、啤酒、葡萄酒、醪糟等,都有酵母的存在。酵母虽然古老,但绝不过时,它一直在科学与工业的前沿与时俱进。在科学上,酵母是生命科学研究中最重要的"模式生物"之一,大量的生物学发现,都是以酵母为实验载体完成的。在工业上,通过酵母生产了许多高效的药物,利用酵母把农业废料转化为有用的产品,用酵母生产的食用蛋白质也已经出现在了市场上。这是一本知识性与可读性俱佳的书。通过它,我们能更好地了解酵母这个我们生活中"陌生的老朋友"。

——云无心,

食品工程博士,科学作家

◇

这本书游刃有余地融合了大众化和专业化的科学写作方式……强烈推荐。

——"选择"(CHOICE)网站

◇

植物学家尼古拉斯·莫尼的热情洋溢之旅充满了乐趣,"真菌界的奥杜邦"夏尔·蒂拉纳绘制的插图精美异常,酵母和人类有共同祖先(并且共享数百个基因)的事实让人惊讶不已。

——芭芭拉·凯泽(Barbara Kiser),

《自然》(Nature)

◇

酵母发酵面包,酿造啤酒、葡萄酒和烈酒,调节水果的风味,滋养我们的身体,让我们大胆地恋爱、解锁灵魂,还为我们的汽车提供动力。我们人类倾向于认为我们统治着地球,但相关的证据很少。这本引人入胜的书揭开了我们世界的真正统治者的奥秘,它们在我们直立行走之前就在这里,当我们消失了也将还在这里。与此同时,它们使得我们在这个星球上的时光变得更加有趣,更加美味。

——加勒特·奥利弗(Garrett Oliver),

布鲁克林啤酒厂酿酒师,

《牛津啤酒指南》(The Oxford Companion to Beer)主编

◇

极具娱乐性,非常有趣,很有教育意义,阅读这本书是一种享受。

——埃兰帖瑞的图书博客(Elentarri's Book Blog)

◇

一个令人惊叹的故事(由一位了不起的作家创作),讲述了一段令人惊叹的人与非人之间的关系。理所当然,莫尼的《酵母演义》注定是一部经典之作,也是一部当之无愧的获奖作品!

——"植物学一号"(Botany One)网站

◇

　　这是一本简洁的书,优雅地涵盖了很多领域……(它)给出了你应该更关注小
小单细胞真菌的诸多理由。

——莱昂·弗列格(Leon Vlieger),

NHBS 网站

内容提要

　　酵母是与人类文明发展关系最密切的微生物。早在千年之前，人类就开始用它酿酒、发酵面团。在认识到它的"真面目"后，它被广泛用于食品工业，被细胞生物学家和遗传学家用于探究生命的奥秘，成为最重要的模式生物之一。酵母还被用于制造拯救生命的药物如胰岛素等，以及生产有助于拯救地球免受全球变暖影响的生物燃料。当然，由于某些种类的酵母具有致病性，人类与致病酵母的斗争也贯穿了人类的历史。

　　作者认为，我们对酵母如何重视都不过分，因为对它的发现和利用深刻地改变了人类历史。本书引人入胜地融合了科学、历史和社会学，探索了人类与酵母之间丰富、奇异且完全共生的关系，以生动的叙述，引导读者认识这种既熟悉又陌生的微生物。

作者简介

尼古拉斯·P. 莫尼（Nicholas P. Money），俄亥俄州牛津市迈阿密大学植物学教授、通识教育专业"西部项目"的负责人。他是真菌生长和繁殖方面的专家，撰写过许多关于真菌和其他微生物多样性的科普书籍，包括《布卢姆菲尔德先生的果园——蘑菇、霉菌和真菌学家的神秘世界》（*Mr. Bloomfield's Orchard: The Mysterious World of Mushrooms, Molds, and Mycologists*）、《房间里的变形虫——微生物的生命》（*The Amoeba in the Room: Lives of the Microbes*）等。

尼古拉斯每年都会接受各大媒体和活动主办方的采访，包括美国国家公共电台、科技播客节目"阿芒秀"、七叶树图书节以及福科图书节等。他也是一位备受欢迎的演讲者，常就他的作品及真菌生物学等相关主题发表演讲。

献给朱迪思(Judith),我慈爱优雅的母亲

酒是生活！

——彼得罗纽斯（Petronius），《爱情神话》（*Satyricon*）

酵母是生命！

——欧文酵母维生素片广告语（1925）

目 录

致 谢

　　酵母相关的当代出版物可通过俄亥俄州牛津市迈阿密大学图书馆提供的在线资源获取。酵母的早期研究则可以通过辛辛那提市的劳埃德图书馆及博物馆的杰出藏书和手稿获取。有关弗莱施曼家族的信息来源于辛辛那提市的历史图书馆和档案馆所藏资料。衷心感谢我的科研合作伙伴马克·菲舍尔(Mark Fischer),他为本书添加了许多具有艺术性的插图。

◆ 第一章

引言：酵母基础知识

　　这是一个关于我们与酵母从远古时代就相互依赖的故事，即微生物和人类是如何在历史上相互引领，以及这种关系如何在21世纪得以蓬勃发展的故事。从早上的烤面包到晚上的葡萄酒，酵母是上天对人类的恩宠，我们与这种小真菌的交流逐年加深。它提供了我们日常的面包，满足了我们对葡萄酒和啤酒的渴望，从而使我们不再狩猎和采集，过上了更安定的农耕生活。没有酵母，地球将是一个无酒精的星球，每一块面包都将是未发酵的。在我们这个时代，酵母成了生物技术的宠儿，生产着一系列拯救生命的药物，以及数百亿升的生物燃料，以减缓气候变化。

　　酵母，一种嗜糖真菌，从一开始就是人类文明的隐形伙伴（图1）。一万年前，我们的祖先放弃了野味和野果，转而养殖动物、种植谷物。我们对这种真菌生产的啤酒和葡萄酒的喜爱是促使我们离开森林和草原、进行农业定居的主要因素。原因很简单：需要一个村庄来经营啤酒厂或管理葡萄酒庄园。早期农民适度饮酒也有助于巩固社会关系、培养社区意识。随着农业社区的生活变得更加可预测，酿造和烘焙技术也随之发展。

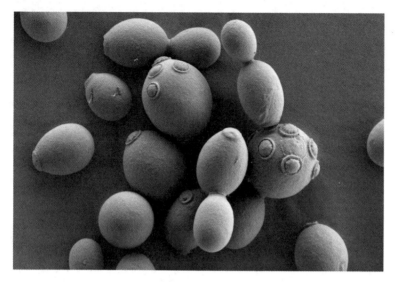

图1 糖真菌(酿酒酵母)的扫描电子显微照片

在知道酵母是什么之前,我们就知道酵母有什么作用了。6000年前,苏美尔酿酒师将发酵过程归功于宁卡西(Ninkasi)女神,还有许多其他神灵在古代也被认为是酿酒之神。约翰逊(Samuel Johnson)博士在其出版于1755年的著名词典中,将酵母(yeast)定义为"发酵中的啤酒泡沫或啤酒之花",并与同义词"发酵的泡沫"(barm)共同注释为"酵母;一种放入饮料中使饮料发酵的发酵液"。[1]用生物学的酵母概念取代这些有关酵母的原始宗教概念和工业概念是一个非常缓慢的过程。17世纪显微镜发明后,酵母细胞是首批在显微镜下被观察到的微生物之一。1680年,列文虎克(Anton van Leeuwenhoek)在啤酒液滴中观察到了酵母细胞,尽管当时他并不认为这些小"颗粒"是活的。18世纪,包括法国科学家拉瓦锡(Antoine Lavoisier)在内的化学家们研究了酿酒中的发酵过程,用原始显微镜观察酵母的研究人员得出结论:发酵过程产生了酵母,而不是酵母导致发酵。由于不知道微生物是可以进行化学转化或导致疾病的活物,所以没有理由认为酵母细胞是值得进一步研究的东西。

19世纪,人们认识到酵母是一种产酒精的生物。法国植物学家德马齐埃(Jean-Baptiste Henri Joseph Desmazières)将在啤酒中观察到的真菌命名为啤酒霉(*Mycorderma cervisiae*,cervisia是拉丁语中啤酒的意思),而他在葡萄酒中看到这种真菌时,将其称为葡萄酒霉(*Mycoderma vini*)。[2]德国生物学家施旺(Theodor Schwann)把酵母叫作Zuckerpil,即糖真菌或糖蘑菇,他的同事梅恩(Franz Meyen)于1838年提出了现代的拉丁文学名:酿酒酵母(*Saccharomyces cerevisiae*)(图2)。[3]

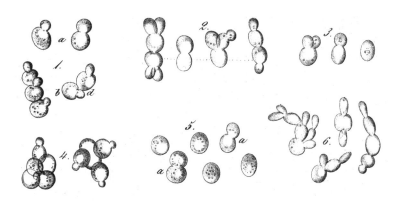

图2 里斯(M. Rees)于1870年绘制的酿酒酵母示意图

更先进显微镜与巧妙发酵实验的结合,促使人们得出结论:酵母是在葡萄酒和啤酒中产生酒精的活性物质。[4]有机化学家对这些发现一直抱有质疑,他们认为,被描述为"细胞"的物体是化学反应沉淀出来的矿物质;酒精是纯化学反应而非生物化学反应的产物。但随着19世纪60年代越来越多的证据支持酵母可作为催化剂,巴斯德(Louis Pasteur)通过一系列精彩的实验演示,使大多数反对的声音归于沉寂。[5]酵母被证明是一种活体,并被公认为是一种在人类生活中具有重大意义的微生物。

这些对酵母至高无上地位的评价中存在一些西方偏好。虽然真菌是人类文明的基础,但我们对酵母的营养依赖主要集中在罗马帝国后裔身上,这些人生活在欧洲、北非、中东、大洋洲和美洲。在亚洲和撒哈拉以南非洲的文化中,发酵面包一直都没那么重要。酒精消费人口的统计则更加复杂。伊斯兰教、摩门教和许多基督教教派的信徒都是滴酒不沾的,但今天至少有20亿人喜欢酿造和蒸馏的饮料。

根据普林尼(Pliny)的说法,第三次马其顿战争(公元前171—前168年)后,无酵面包被用酵母发酵的面包取代。[6]大约在同一时期,罗马共和国的葡萄酒产量达到顶峰,葡萄园遍布欧洲被征服的领土,以满足快速增长的人口的需求。在普林尼死后的2000年里,发酵面包一直在西方饮食中占有一席之地,同时西方对葡萄酒和啤酒的热爱从来未减丝毫。

酒精的诱惑是不可抗拒的。如果酵母从未进化,我们将被迫发明它。葡萄酒和啤酒会改变我们当下的感知,会让我们在生活中感到开心快乐,甚至当我们沉迷其中时,会使我们堕落。酒精可以帮助我们从天堂滑向地狱,反之亦然。它作用于中枢神经系统,既是强效的兴奋剂,也是强效的镇静剂,这解释了为何不同剂量的酒精会有不同的作用,从产生轻度快感到致人死亡。它的合法性让我们忽略了这种酵母产品的真实本质是一种强效精神药物。在古代,人们为酒醉经历想象出了各种超自然的解释,于是各种与酒有关的神的传说蓬勃发展,包括希腊酒神狄俄尼索斯(Dionysus)和他的罗马化身巴克科斯(Bacchus),阿兹特克神特资卡宗特卡托(Tezcatzontecati),以及前面提到的苏美尔女神宁卡西。葡萄酒是《圣经》中必不可少的饮料。富兰克林(Benjamin Franklin)写道:"看哪,甘霖从天上降到我们的葡萄园,进入葡萄树的根部,变成了葡萄酒,这是上帝爱我们、希望我们幸福的永恒证明。"对那些不可知论者来说,我们可以为我们小真菌的进化根源干杯。

要了解酵母的力量,我们必须定义它产生什么。酒精既可以用来指代乙醇,是一种物质,也可以指代其他具有类似结构的化学物质,是很多种物质。其他醇类物质包括甲醇(木醇)、山梨醇(一种常见的糖替代品)和薄荷醇(来自薄荷)。英文中,名称以-ol结尾的化学品表示存在羟基(—OH),是醇类。然而,在本书中,"酒精"(alcohol)将在口语意义上用来指代乙醇(ethanol)。这个小分子包含与多个氢原子和一个羟基相连的一对碳原子:CH_3—CH_2—OH。

乙醇是自然界中罕见的分子。除了由酵母生成外,乙醇的合成仅可通过发芽的种子和几种细菌。这些细菌倾向于产生难闻的味道,会破坏啤酒和苹果酒的风味,因此它们几乎无法与酵母竞争在啤酒酿造者心中的地位。乙醇也会在没有生物的星际云中形成。银河系中心附近最大的分子云,称为人马座B2,含有相当于10^{28}瓶伏特加的乙醇,这个质量是太阳系所有行星质量的5倍。[7]

酵母利用葡萄糖和其他糖来维持细胞活力,它将糖分裂成更小的分子并从其组成原子中获得电子,进而获取能量。电子丢失称为氧化。当环境中氧气充足时,酵母可以通过两个反应途径降解葡萄糖,获取能量,生成水和二氧化碳(图3)。第1阶段称为糖酵解,第2阶段称为柠檬酸循环。这种有氧呼吸的过程就像一种受控的燃烧,从可用的燃料中榨出最大的能量。氧气使酵母高速运转,使它像法拉利一样咆哮着前进。

但啤酒麦芽汁和葡萄汁中的酵母细胞很快就会耗尽氧气,因为溶解的气体在这些含糖液体中扩散非常缓慢。这阻碍了更有利可图的柠檬酸循环反应的进行。氧气不足也会限制跑车的性能,这一点靠涡轮增压器得以解决,涡轮增压器会迫使更多的空气进入燃油混合物。类似地,啤酒酿造者给啤酒麦芽汁充气,以优化酵母的生长,尤其是在发酵起始阶段。这种人为通气有助于酿造,但实际上酵母这种真菌善于

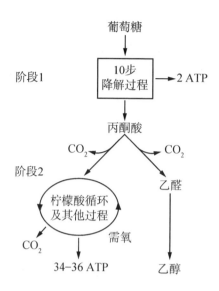

图3　酵母糖代谢图。每个葡萄糖($C_6H_{12}O_6$)分子经过10步分解产生两个丙酮酸($C_3H_4O_3$)分子的过程,称为糖酵解。细胞通过糖酵解途径获得两个腺苷三磷酸(ATP)分子。ATP是一种能量通货,为细胞中的生化反应提供动力。随后的新陈代谢有两条替代路径。在有氧呼吸中,丙酮酸分子中的能量通过柠檬酸循环和其他过程被捕获,同时释放二氧化碳(CO_2)、生成更多的ATP分子。在乙醇发酵中,丙酮酸被分解成乙醛和CO_2,乙醛进一步转化成乙醇。原始葡萄糖分子中的大部分能量保留在发酵细胞释放的乙醇中

适应氧气缺乏的情况,并能以不同的方式保持运转。它通过采用厌氧代谢或发酵来实现。这个过程从糖分子获得的能量没有有氧呼吸过程多,但成功地满足了不断增长的酵母细胞群的迫切需求,剩余能量以酒精的形式贮存。

　　将剩余能量以酒精的形式储存所涉及的妥协是值得的,因为酒精的积累会毒害所有其他想要争夺糖的真菌和细菌,而这些糖能让酵母茁壮成长。这是如此有效,以至于酵母即使在氧气充足的情况下也会选择生产酒精,从而加倍降低其代谢风险。如果能让大量饥饿的微生

物远离,那么这种更贫乏的饮食是值得的。这种策略被称为克拉布特里效应(Crabtree effect,或称反巴斯德效应),是酵母自然行为的关键部分。[8]这种策略之所以有效,是因为酵母已经进化出了对酒精的非凡耐受性,这也解释了酵母为什么能在腐烂水果和甜植物汁液中自由快乐生长。在酿造过程中,克拉布特里效应使得酵母能在氧气水平下降前后都能生成酒精。

酵母会持续产生酒精,直到酒精含量(乙醇体积分数)达到10%—15%,从而杀死其他真菌。不过这也限制了啤酒和葡萄酒的酒精含量。在自然界中,情况有点不同:自然界中酵母在经过一段时间的发酵后,可以通过利用自己生产的酒精来保持生长。这种新陈代谢的灵活性使酵母能够产生、浓缩和消耗酒精。

在一次异常交配后,酵母与酒精建立了亲密关系。大约一亿年前,当翼龙在空中盘旋时,几个在树液中出芽的酵母细胞相互碰撞并交配,导致了一种称为全基因组复制的遗传爆发。[9]不同于正常交配反应产生的后代与亲代的基因数量相同,这种情况下酵母交配生成的后代的基因数量是亲代基因数量的两倍:每个后代细胞含有10 000个基因,而不是通常情况下单个酵母细胞的5000个基因。随着时间的推移,大多数新的基因拷贝从基因组中被删除,今天酵母生产的蛋白质中,只有10%左右是由该全基因组复制事件产生的基因编码的。[10]但这种遗传爆发所产生的后果对我们来说意义重大,因为酵母获得了利用大量葡萄糖制造大量酒精的能力。[11]这为酵母成为我们酿酒的合作伙伴做好了准备。

基因组复制的时机对酵母发展史至关重要,因为同样的遗传信息含量加倍发生在白垩纪的开花植物祖先身上,导致了肉质果实的产生。[12]这两个事件的交叉至关重要,因为肉质水果中的糖是酵母制造酒精的天然碳源。酵母和制造其甜食的植物大约在同一时期从这些古老的遗传爆炸中诞生。

单基因复制是进化的主要力量,因为它使得基因复制品有发挥新功能的机会。但除非能够严格调控所有这些新基因的表达,否则生物体内基因数量的大规模变化更有可能是灾难性的。基因组复制可能在数千万年的时间尺度上经常发生,但没有被注意到,因为大多数DNA含量超过正常水平的后代在出生时就会死亡。酵母和开花植物基因组的有益复制是进化史上的非凡事件。

发现酵母能用于发酵面包面团比发现其能用于酿造更为偶然,如果我们没有先懂得酿造啤酒和葡萄酒的话,这可能会逃过我们的注意。如果没有大量的新鲜酵母,面团永远无法发酵,因为发面酵母最有可能的来源是啤酒桶顶部意外溅出的芳香泡沫。在湿谷物面粉中,酵母开始了有氧呼吸的两阶段过程,在揉面团过程中消耗面团中的糖,释放水和二氧化碳。随着氧气含量下降,酵母也会开始酒精发酵,在面团中释放酒精和更多的二氧化碳气泡。

对古代的面包师来说,面团发酵上升膨胀的景象一定很神奇,即使今天看来也仍然如此。忠实于无酵面包的烘焙师们一开始肯定是扔掉这些畸形的发酵面团,直到有冒险精神的人决定把它们放进烤箱。后者无异于一种烹饪英雄主义行为,与冰淇淋的发明不相上下。[13] 几个世纪以来发酵面包的流行表明,这些先驱之一躲过了被扔石头的死亡厄运,成为名厨。

用于酿造和烘焙的真菌催化剂是一台神奇的微型机器,里面塞满了5000万种蛋白质和其他生物分子。它的直径为0.004毫米(4微米),是细菌直径的4倍,是红细胞直径的一半。[14] 当食物充足时,椭球状酵母细胞会膨胀一两个小时,然后从表面挤出一个芽体,高效地进行出芽繁殖。这种繁殖方式以母代细胞和子代细胞之间形成分隔而结束。每次出芽繁殖会在子代细胞的表面产生一个产痕(一个单独的脐部),并在母代细胞表面留下一个与此匹配的麻点,称为芽痕,同时母代细胞的另一端立即开始新的出芽。[15] 母代细胞不断地在细胞的两个极点来回切换出芽。在细胞分裂延迟的时候,子代细胞会一直连接在母代细胞的表面。孙代细胞可能也会依附在子代细胞的表面,从而产生一个形似姜根的多代群体,在面包面团中或在啤酒泡沫中晃动。几天后,母代细胞的两极都点缀着象征她多产生活的芽痕项链。生殖后,母代细胞在经历短暂的退休生活后就死亡了。与此同时,她的后代不断成长和出芽,使得啤酒气泡上升、面团膨胀。

我们用女性化的名词来形容出芽的酵母。她,母亲,总是生出女儿细胞。这听起来合理。如果表述成"父亲在他的表面上产生多个女儿细胞或儿子"就显得不合理。毕竟母亲生孩子,天经地义。然而,这并不意味着酵母细胞只有单一性别,因为这些细胞有两种交配类型,分别为 a 和 α。这两种交配类型看起来一模一样,都能进行出芽繁殖。它们的区别在于香味:两种交配类型在交配时会释放出不同种类的化学引诱剂。在这些进行交配的细胞中,没有明显的"雄性"酵母,只有两种亲本。

当酵母检测到相反交配类型的香味时,它们的表面会隆起,使得两个细胞都像葫芦。遗传学家将这些凸起与美国艺术家卡普(Al Capp)在1948年创作的连环画《莱尔·阿布纳》(Li'l Abner)中性别不明的卡通人物什穆(Shmoo)联系起来,将其命名为"shmoos",这种在专业活动中找乐子的行为可是遗传学家们很少展现的。[16] Shmoo 与 Shmoo 接吻会产生融合,就像动物精子与卵细胞受精一样。融合产生的大细胞可以继续生长,但当糖的供应减少时,它们就会形成被称为子囊孢子的有利于存活的"胶囊"(图4)。之后,当有更多的食物可用时,子囊孢子会发芽,产生下一代酵母细胞。在过去的500万—1000万年中,这种生命周期使酵母保持着与现在形态非常接近的状态。[17]

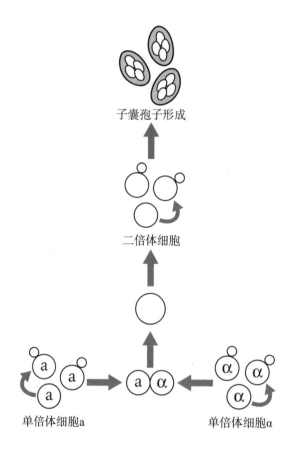

图4 酿酒酵母的生命周期

　　除了用于酿造葡萄酒和啤酒、制作面包外,酵母在现代分子遗传学中已不可或缺,它还是生物燃料工业的主力军。酵母是科学研究的经典模式生物,用来揭示生物学的基本规律。肠道细菌大肠埃希菌(*Escherichia coli*,即大肠杆菌)是科学家们选择的第一种模式微生物,用于揭示遗传的分子基础。酵母比这种细菌复杂,优势是能告诉我们更多关于人类生物学的信息,因为它的生活方式更接近我们。细菌的基因编码在一条染色体上,该染色体形成一个浸在细胞质液体中的DNA环。而酵母与我们的细胞一样,有多条染色体,它们位于一个被称为细胞核的细胞结构中。没有细胞核的细胞称为原核细胞,有细胞核的细胞是真核细胞。细菌是原核生物,酵母是真核生物,人类也是。这意味着,通过研究酵母细胞如何生活可能揭示我们细胞的存续方式。

酵母作为一种实验模式生物,除了具有真核结构外,还有几个其他优点。负责它日常活动的是一组共 16 条染色体。含有一组染色体的细胞被称为单倍体。含有两组染色体的动植物细胞则称为二倍体。二倍体意味着一个基因有两个拷贝,称为等位基因,一个版本的基因的作用可以被位于另一条染色体拷贝上相同位置的另一个版本基因所掩盖。这使得我们能够像孟德尔(Gregor Mendel)的豌豆一样,将基因的突变版本传递给后代,而不需要自己展示其效果。例如,携带隐性基因而拥有健康脂肪代谢表型的父母双方会生出脂肪代谢失衡的下一代。因为父母双方各自携带的隐性基因的功能,被位于另一染色体拷贝的显性基因所掩盖。但在酵母中,每一条染色体都没有第二份拷贝,所以每一个功能不良基因的影响都会立即显现出来。例如,影响脂质调控的单个基因突变会导致酵母细胞充满脂肪颗粒。[18]这种脆弱性使得酵母成为研究肥胖和其他遗传疾病的有用模型菌株。

酵母遗传学研究的突破推动了其工业应用,远远超越了对其作为酿酒师和面包师的天赋的应用。转基因酵母菌株用于生产一系列药物,包括人胰岛素、疫苗和治疗眼睛退化的注射药物。人们很容易将基因工程带来的医疗改善视为理所当然,并且考虑到它们的惊人利润,很容易对制药公司心生怨怒。这种批评有其合理性,但我们也应该进行反思,毕竟,酵母和细菌生产的胰岛素可以使数百万糖尿病患者的血糖水平得到控制,避免截肢、失明和心脏病发作。在没有这种神奇药物的过去,糖尿病患者生活质量差且寿命短。人乳头瘤病毒(HPV)是导致宫颈癌的主要原因,HPV 疫苗也是由酵母生产,其功效令信仰治疗师深感羞愧,让巫师目瞪口呆。

从自然界分离得到的、在实验室中无需任何基因修饰的一些酵母菌株也被证明非常有用,它可利用从玉米和甘蔗中提取的糖浆制备生物燃料。美国专门生产玉米乙醇,巴西是使用甘蔗生产生物燃料的领头羊。玉米粒中含有淀粉,这些淀粉必须转化为糖,才能被酵母用来制造乙醇。这种化学转化是通过将玉米浆与其他真菌和细菌生产的强效酶一起加热来实现的。甘蔗是生产生物乙醇的优良作物,因为从纤维状甘蔗茎中榨出的汁液已经富含能被酵母转化为乙醇的糖分。产自玉米和甘蔗的乙醇是第一代生物燃料。

第二代生物燃料来自富含纤维的农业废弃物,通常被称为生物质。这是一个巨大的未开发能源。像麦秸这样的农作物残留物,其大部分物质都是由可以转化为乙醇的糖组成的,但它们被锁定在一种叫作多糖的大分子中,无法被酵母降解利用。如果我们能够创造出一种酵母菌株,或者一个酵母菌群,将单糖从这些生物质中释放出来,就可以在未来很长一段时间内解决我们的能源需求,并永远放弃化石燃料。通过基因改造获得以这种方式生产乙醇的酵母菌株,是生物技术领域长期追求的目标。但是,我们离将糖真菌改造成一种可以依靠纤维生长的微生物还有很长的路要走。随着全球变暖,寻找这座终极生物燃料工厂可能成为科学史上最重要的任务。

酵母的故事不仅仅是单一物种的传记。酵母有很多不同的种类。"酵母"这个名字可以指代我们最常用的酵母即酿酒酵母,还可以指代阴道酵母白念珠菌(*Candida albicans*,白假丝酵母)和许多其他单细胞真菌。无论酵母是否发酵糖并释放乙醇,它们都以简单食物为食。在自然界中,它们参与了碳循环的分解部分,消化动植物产生的物质或分解其死后的组织残留物。所有这些不起眼的真菌都喜欢在流体栖息地中生长,其中许多真菌能够应对使其他生命窒息的低含氧量。

第五版酵母学家的"圣经"《酵母——分类学研究》(*The Yeast:A*

Taxonomic Study)描述了近1500种酵母。[19] 它们中的大多数,包括酿酒酵母和白念珠菌,都属于子囊菌门。酵母菌是子囊菌这类生物中最不起眼的成员,更具代表意义的子囊菌包括色彩鲜艳的岩石地衣、装饰着睫毛的林地蘑菇,以及辅以奶油酱食用的芳香羊肚菌。[20] 哈佛大学真菌学家撒克斯特(Roland Thaxter)对昆虫角质层上生长的装饰瓶样微小种子囊菌的解剖结构非常着迷,花了30年的时间研究它们的魅力(图5)[21]。酿酒酵母从来没有遇上像撒克斯特那样有艺术天赋的鉴赏者,如果有人被酿酒酵母激起了创作灵感,他将被归为极简主义者。

酿酒酵母在人类活动中的重要性,以及它作为细胞生物学和遗传学研究的模式生物的现状,往往掩盖了其他酵母的价值,但有一个特别重要的酵母物种在科学进步中发挥了巨大作用。保罗·纳斯爵士(Sir Paul Nurse)、蒂莫西·亨特爵士(Sir Timothy Hunt)和没有封爵的美国科学家哈特韦尔(Leland Hartwell)因对细胞分裂机制的研究而获得2001年诺贝尔生理学或医学奖。[22] 纳斯的实验模型是一种裂殖酵母——粟酒裂殖酵母(Schizosaccharomyces pombe),而不是糖真菌。

当我们考虑到其他酵母的生活方式时,这些酵母作为人类助手的形象变得更加复杂,因为我们的身体为许多这些微小真菌提供了生存空间。我们的皮肤表面、耳朵、鼻子、嘴巴、阴道和消化系统充满了各种酵母菌。这些酵母菌的功能尚不清楚,我们之所以对它们有所了解,是因为在棉签和粪便样本中检测到了它们的基因。肠道酵母菌可能与数目更庞大的肠道细菌一起工作,进行食物消化。我们皮肤上的酵母菌也与细菌相互作用,被认为是健康微生物群——我们体内携带的大量微生物——的一部分。头皮屑与皮肤中一种名为球状马拉色菌(Malassezia globosa)的酵母有关,可通过在洗发水中添加抗真菌剂来治疗。球状马拉色菌消耗分泌到毛囊中的皮脂,并与蠕形螨(Demodex)竞争食物。与酵母和螨虫共存的我们,自身就是行走的生态系统。

图5　撒克斯特绘制的生长在甲虫等昆虫外骨骼上的子囊菌(即子囊菌纲真菌)的子囊壳或菌体的插图。该群中最大的菌体长0.8毫米

从临床角度来看，白念珠菌是一种更重要的酵母。白念珠菌是微生物组的成员之一，当阴道中的健康微生物菌群被抗生素治疗破坏时，它就会变成麻烦之一。当念珠菌侵入免疫系统受损患者的组织时，也非常危险。其他正常情况下，无害的酵母也会导致疾病，称为机会性感染，包括细胞壁着色很深的黑酵母。机会性感染现象的存在使得对有益真菌和致病真菌的界定变得困难，因为即使是糖真菌，如果在手术过程中侵入人体，也会变得危险。

抛开医学文献中描述人类感染糖真菌的少数病史，当你用心留意时，我们最喜爱的酵母的福音无处不在。辛辛那提的尼克尔森酒吧多年来一直是我的避难所，我们与酵母发生联系的果实在这家酒馆里随处可见：生啤酒，玻璃架上在镜子衬托下闪闪发光的麦芽威士忌，桌上面包篮里的热面包卷。最近一次造访后，我离开酒吧，与人行道上的人流会合，注意到超过一半的步行者额头上有一个灰色的十字架。当天是圣灰星期三*。辛辛那提的天主教徒在圣餐会上受到牧师的授勋，也得到了分别相当于基督身体和血液的面包及葡萄酒的祝福。圣餐薄饼是无酵的，但每一口酒都是由酵母发酵的。而当天下午在城市街道上川流不息的汽车所用燃料中，也含有酿酒酵母生产的生物乙醇。文明与糖真菌有着深厚的共生关系。

---

* 复活节前6周的星期三。——译者

◇ 第二章

伊甸园酵母：饮料

在马来西亚热带雨林的夜晚，玻淡棕榈巨大花茎中汇集的花蜜滴正在被酵母菌群发酵。由此产生的酒精烟雾飘过树林，使得笔尾树鼩（*Ptilocercus lowii*）翘首企盼地抽动着鼻孔（图6）。[1]夜幕降临后，这些长着羽毛笔状尾巴的小哺乳动物爬上棕榈树，大口大口地喝着丰盛的甜酒，其饮酒量足以与一个喝完烈性鸡尾酒和一整瓶葡萄酒的人媲美。[2]对树鼩毛发的化学分析表明，它们是慢性饮酒者，但是在夜视摄像机拍摄的影像中，并没有发现它们有醉酒或失常行为。它们像走钢丝的人一样稳健地在树上移动，避开了树叶和花朵上可怕的刺。它们肉眼可见的清醒是非凡的。我们中很少有人能在喝了一瓶红葡萄酒后，还能很好地跨越铁丝网栅栏。

喝酒对树鼩来说并不是一种娱乐。对在到处都是多刺植物和尖齿食肉动物的森林中行走的动物来说，醉酒意味着死刑判决。酒精对树鼩来说，只是一个信号，表明含糖花蜜就在附近，这是它无意识地将花粉从一棵树传递到另一棵树的回报。研究人员推测，这种哺乳动物可以很快地代谢掉乙醇进行解毒，从而享受这种宝贵的天然甜味，而没有遭受任何副作用。

有糖的地方就有酵母生长。热带棕榈树为数十亿出芽中的酵母细胞提供了诱人的苗圃。玻淡棕榈会连续数周分泌花蜜，在其木本花朵

图6　笔尾树鼩

的花瓣之间渗出糖浆。发酵在特殊的酿造室中进行,在那里花蜜被困在紧密包裹的花蕾之间。发酵变得如此猛烈,以至于花蜜会冒出二氧化碳气泡。由于酒精蒸发,酿造所得的酒的酒精浓度会迅速下降。但棕榈树不断生产糖浆,使酵母得以生长、酒精得以持续挥发流动,诱惑着附近森林中的传粉者。这种对雨林酿酒厂的人为解释——刻意表明这对棕榈来说是一种"适应",将花室解剖结构与花蜜发酵、酒精作为传粉者的诱饵联系起来。笔尾树鼩不是唯一的访客,蜂猴(*Nycticebus coucang*)(图7)是另一种夜行性饮酒者,老鼠和松鼠则日夜都会拜访芬芳的花朵。

　　我们不知道这种用酿酒来辅助授粉的现象在其他植物种类的花中出现的频率有多高。自己能产生气味并利用五颜六色的花瓣来吸引昆虫的植物几乎不需要酵母及其酒精,这是符合逻辑的。[3]然而,在许多

图7 蜂猴

植物的花朵中都发现了各种各样的酵母菌,其中一些能够发酵糖类并产生各种气味。以色列一种名为所罗门百合(Solomon's lily)的植物,其不寻常的进化为酵母在吸引传粉者方面的作用提供了更重要的证据。这种花的近亲通过粪便和尿液的气味吸引甲虫等昆虫传粉者,而它完全不同:它散发出一种类似果味葡萄酒的香味。[4] 它自己表演这个把戏,不分泌花蜜,不培养任何酵母。果蝇被腐烂水果中酵母的气味吸引而来,携带花粉,却享用不到任何花蜜。所罗门百合不太可能是唯一利用这种诡计的植物。

过熟或腐烂的水果是野外最可靠的酒精来源,有很多关于食用水果导致动物醉酒的说法,但很少是真的。果蝠是研究动物醉酒的一个很好的模型,因为它们的食物很可能在自然界中发酵。为了评估伯利兹野生果蝠的酒精耐受性,加拿大研究人员用雾网捕捉了这些动物,用掺有酒精的糖水喂养它们,并在封闭的障碍跑道上评估它们的飞行技能。[5]果蝠通过了清醒测试,躲过了悬挂在飞行路径上的塑料链,没有发生任何碰撞。它们在空中就像树鼩在棕榈树上一样优雅。

在另一项研究中,埃及果蝠的表现不如伯利兹野生果蝠。这些可爱的埃及果蝠有着像狗一样的脸,柔软的皮毛,"翅膀感觉像连裤袜"(如一位翼手鸟学家所述)。野枣是它们最喜欢的食物。当这些蝙蝠被喂食酒精后,从笼子的一端飞到另一端时,会比平时更不热情地扇动翅膀。更能说明问题的是,研究人员将其回声定位呼叫的混乱描述为"类似于醉酒者的言语障碍"。[6]蝙蝠物种之间的行为差异,可能在于新热带森林肉质果实的酒精含量高于地中海蝙蝠所食用的枣子。与树鼩一样,中美洲蝙蝠的酒精排毒能力很重要,而埃及蝙蝠没有任何必要通过进化获得相关的排毒机制,来消除这种外来的酒精危险。

大象似乎是天然酒鬼的一个更好的例子。19世纪30年代,法国博物学家德勒戈尔格(Louis-Adulphe Delegogue)——他对屠杀成群大象之举表现出令人反感的喜爱——在纳塔尔旅行时,报告说:"大象和人类一样,都偏爱太阳作用下发酵的水果所引起的温和的大脑发热。"[7]他这里说的就是马鲁拉树果实的假想效果。这种说法仍然是当地民间传说的一部分,并受到了大象和其他动物在饱食这种非洲树的多汁核果后摔倒的在线视频的支持。(核果是芒果和橄榄等水果的植物学名称。)尽管有视频为证,但计算表明,一只大型哺乳动物仅仅吃水果,是不会醉的。[8]如果厚皮动物在吃了腐烂的马鲁拉树果实后确实有奇怪的行为,那么它们很可能是被酒精之外的物质搞迷糊了——也许是糖的代谢或者是某种未知的致幻剂。尽管如此,马鲁拉树与大象醉酒相关这种流行说法在南非的阿马鲁拉奶油利口酒(Amarula Cream Liqueur)标签上的长牙公牛身上得以再现。该酒是由南非的水果发酵而成,蒸馏过程将这种甜饮料的酒精浓度提高到了17%,这比在树下发酵的水果的酒精度数要高很多。

　　18世纪在美国展出的第一个活体标本,说明了发酵饮料对大象的吸引力。据说,这只"最可敬的动物"喜欢"各种烈酒",一天内喝了多达30瓶波特啤酒(黑啤酒),还"用鼻子拔软木塞"。[9] 也许它认出了儿时大草原上的酒精气味。酒精对其他动物也有吸引力。几内亚的黑猩猩曾从伐木工人放在拉菲亚树上的塑料容器中偷走发酵的棕榈酒。[10] 它爬到树上,用折叠或皱褶的叶子舀出发酵的葡萄酒。喝了一阵子以后,黑猩猩几乎没有表现出醉酒的迹象。它们似乎享受着葡萄酒的甜味,但又不会喝到让自己摇摇晃晃的程度。

　　自然界中动物醉酒的罕见并不意味着人类特别容易受到酒精的影响。如果没有啤酒酿酒师、葡萄酒酿酒师、威士忌酿酒师和棕榈酒酿酒师的巧思,我们就会像动物王国的其他动物一样清醒。酒精的可获得性是关键。这一点很明显,偷猎者可以通过给野鸟喂食浸泡过酒精的谷物来捕捉它们,而实验室的啮齿类动物可以被训练成酗酒者以进行酒精成瘾的研究。

　　关于酒精对笔尾树鼩吸引力是在2008年被发现的,在这之前几年,生物学家达德利(Robert Dudley)提出了"醉猴假说"来解释人类酗酒的起源。[11] 这是一个有先见之明的想法,借鉴了多个研究领域的信息,是一个卓越的跨学科理论。达德利认为,酒精对我们的吸引力是早期灵长类动物进化出的一种行为的延伸,这种行为使它们能够找到成熟和过熟的水果。

　　人类的"醉猴"本质写在基因中,表达在新陈代谢中。人体组织时刻准备着应对酒精:我们的身体期待遇到酒精。我们通过一对生化反应来处理酒精,重组其分子结构,以方便将其降解、获取能量。被称为酶的蛋白质能加速或催化生化反应。醇脱氢酶是进行第一步反应的酶,产生乙醛,第二步反应中乙醛脱氢酶将乙醛转化为乙酸。乙酸在细胞线粒体中被消耗,这些反应产生的化学能以ATP分子的形式输出,为细胞生命活动提供能量。这些脱氢酶的不同版本会影响我们处理酒精的方式，它们在不同人群中的分布各不相同。遗传了编码高活性醇脱氢酶基因的人能够比表达低活性醇脱氢酶的人更快地代谢酒精。然而，对一些派对狂欢者来说，高效的酒精代谢可能是危险的，因为它会鼓励狂欢者喝得更多、喝得更久，并迟早进入完全醉酒的状态。这也许可以解释为什么1986年的某天早上，我发现自己坐在开往新英格兰的火车上，除了对曼哈顿晚上庆祝活动的模糊记忆之外，对过去的24小时没有任何印象。

由这些酶催化的第二步反应所分解的乙醛是一些宿醉症状的原因，也就是说，分解乙醛对任何喜欢喝酒的人来说都是至关重要的。30%的亚洲人包括汉族人和日本人都遗传了一种无效的醛脱氢酶，无法分解乙醛。[12] 许多有这种基因背景的人会尽量避免饮酒，但也有人能忍受被称为酒精潮红反应的皮肤斑点，以及乙醛积累导致的其他症状，有着和欧洲人一样好的酒量。这种忍受，加上控制乙醛分解基因的多样性，解释了为什么麦芽威士忌和其他烈酒的亚洲市场如此繁荣。

由于身体不同部位产生不同版本的关键酶，使得人类酒精代谢的遗传学更加复杂。醇脱氢酶由7个基因编码，这些基因在人类第4号染色体上成簇排列。其中一种醇脱氢酶，缩写为ADH4。当我们把香槟含入口中时，ADH4作用于舌头上的酒；当我们吞咽时，它作用于食道的酒精；当我们食入泡过酒的生蚝时，它作用于胃中的酒精。ADH4能高效地从乙醇中除去氢原子，生成乙醛：$C_2H_6O \rightarrow C_2H_4O$。ADH4之所以能如此高效，是因为其基因在1000万年前发生了突变。ADH4酶是一种蛋白质，由含有380个氨基酸的蛋白质链经卷曲、折叠形成，当其中一个丙氨酸发生了突变，被分子量更大的缬氨酸取代，ADH4酶的工作性能大大提高。我们知道这个突变发生在大猿进化的早期，因为大猩猩、黑猩猩和倭黑猩猩的 *ADH*4基因存在着完全相同的突变。[13]

在恐龙消失后不停分支的灵长类动物家谱中,除了猿类,这种突变只出现在另一种动物身上:指猴。指猴是濒危的马达加斯加狐猴,长着修长的手指,用于敲击木材和捕捉木材中肥美的长角甲虫幼虫。这种突变在指猴身上存在并保留的一种可能解释是,指猴为当地的棕榈树授粉。像树鼩一样,指猴可能是天生的酒鬼。

当生物学家看到这种特定性状呈现点状分布的进化树时,他们会考虑两种可能的解释。第一种解释是,灵长类动物的祖先拥有这种版本的ADH4酶,但它的有些后代丢失了这个酶,有些后代则保留了。这种被称为**二次丢失**的现象似乎不适用于超级酶,因为它非常罕见。**趋同进化**是出现共同特征的另一种模式,解释了醇脱氢酶基因的进化:醇脱氢酶基因的简单突变至少发生了两次,这种突变的高价值使其能够在指猴的祖先和我们的祖先之间独立遗传。

大猿型醇脱氢酶的传播和保留至今可能由饮食引起。大猿是在雨林中进化的,在那里,散发着酒精烟雾的大量落果提供了极好的热量来源。无论是否依靠关节来保持稳定,大猩猩、黑猩猩、倭黑猩猩和人类都学会了在地面上行走,以采集这些美食。当水果成为猿类饮食的一个重要组成部分时,猿开始重视最有效地去除体内酒精的方法。有趣的是,处理酒精的能力并没有在其他数百种必须时不时食用发酵水果的食肉灵长类动物中进化。

人类与醉酒的猴子没有什么可比之处,因为我们是唯一一种懂得如何利用酵母酿造足够多的酒精来让自己喝醉的动物。在《失乐园》(Paradise Lost)中,弥尔顿(John Milton)写道,当大天使拉斐尔(Raphael)带着关于撒旦(Satan)的警告拜访伊甸园的第一对夫妇时,夏娃(Eve)向他献上了未经发酵的葡萄汁,即"温和无害"的葡萄汁。不同于此,我们的基因表明我们从一开始就享受着"刺激有害"的葡萄酒。事实上,刻意发酵可能早在人类在伊甸园或其他任何地方小跑之前就已经发明了。很有可能是这么发生的：在一个晴朗的日子里，一些早期的人科动物喝了一些棕榈汁，并把这些棕榈汁放进葫芦或翻转的龟壳中，久置于太阳底下。他或她在喝了坏掉的发酵液后，获得了欣快感，这个消息在这些大脑袋的人科动物中传开，由此诞生了发酵技术。

如果说棕榈酒是最早的发酵饮料，那么棕榈酒酒鬼就是最早的酗酒者。在肯尼亚发现的330万年前的石器，拓宽了首次发酵实验的合理时间框架。[14]这种棕榈酒假说的美妙之处在于，仅仅收集含糖的棕榈汁就能自动转化为酒精。石器时代的酿造是注定发生的。在非洲10.5万年前的石器上发现的微小淀粉颗粒，为探秘我们人类酿造的第一种饮料提供了一些线索。[15]这些梨形淀粉颗粒与非洲酒棕榈（*Hyphaene petersiana*）的颗粒相匹配，这种植物被用来生产Ombike，纳米比亚和安哥拉的阿万博人的一种传统家庭酿造酒。石器上也发现了野生高粱种子的淀粉颗粒。高粱啤酒已经被酿造了数千年，如今在非洲南部仍然很受欢迎。

一旦获得原料，棕榈酒的酿造就非常简单，Ombike或类似的东西很可能是第一种经过设计发酵的饮料。获取棕榈树液对被称为"采食者"的从业者来说是一项危险的任务，他们需要爬上树冠，割下花茎，然后将树液排入罐子里。第二种方法是移除棕榈顶部的树枝，并切割顶芽，这会导致棕榈树的死亡。不管哪种方法，都需要高技巧的棕榈树攀爬技能。这一点在图图奥拉（Amos Tutuola）于1952年出版的畅销书《棕榈酒饮料》（*The Palm-Wine Drinkard*）中得到充分展现。[16]讲述者是一个沉迷于棕榈酒的尼日利亚孤儿，当他的私人采食者从树上掉下来死掉时，他伤心欲绝。由于找不到替代这项高技术含量工作的员工，他开始试图从冥界复活他的私人采食者。第三种更安全的汁液采集方法是将棕榈树砍倒在地，让汁液流出来。收集在罐中的棕榈汁一暴露在空气中就开始发酵。当罐子在阳光下放置几个小时后，野生酵母会发酵产生一种甜的芳香酒,这种酒的酒精含量与啤酒相当。

在没有人为添加酵母的情况下,用棕榈汁酿造的酒是由能自行进入罐子的酵母菌株发酵而成的。对喀麦隆棕榈酒的分析表明,在发酵的早期阶段,存在酵母混合菌群。[17]一堆杂七杂八的野生真菌争着占据糖分的主导权,但很快就被单一的酿酒酵母所取代,这种酵母菌通过酒精浸泡来击败竞争对手。当棕榈汁暴露在空气中,也会发生同样的事情。发酵开始时所形成的复杂混合菌群总是被单一的糖真菌所取代。棕榈酒是活酵母的花园,完全没有保质期。它们通常在酿造几个小时后被食用,但如果发酵被允许继续,酒精浓度则会变得更高。对于装在葫芦中的陈年葡萄酒,早期发酵的甜味被一些鉴赏家偏爱的酸味和酸度所取代。因为更长时间的发酵会促使细菌生长,从而将酒变成醋。在这种细菌污染发生之前,可以将新鲜的葡萄酒进行蒸馏,以提高其酒精浓度,使细菌无法生长。棕榈酒蒸馏在非洲和亚洲很常见。

最早明确的酿酒考古证据来自对中国8000多年前陶器碎片的化学分析,这表明新石器时代的村民采用大米、蜂蜜和水果发酵饮料。[18]成分分析表明,这些饮料尝起来应该很像现代米酒。一块来自伊拉克南部的楔形文字石碑详细记载了美索不达米亚工人5000年前的啤酒配给,他们用一个带有尖底的直立罐子图案来象征啤酒。古埃及法老蝎子王一世(Scorpion Ⅰ)墓中出土的同一时期的陶瓷罐内部含有一层黄色沉积物,调查人员声称从中发现了酵母DNA。在上埃及阿拜多斯的同一地点发现的葡萄籽支持了这个结论,即罐子中的残留物来自发酵葡萄汁的酵母。

古代的罐子和石碑不仅是人类"定居"(sedentism)的标志,也证明了酿造技术是由早期农业支持的。"定居"是人类文化学家用来指生活在一个地方而不是游牧的术语。根据这种对历史的微生物学解释,酵母可以被称为宗动天*，或者现代世界的创造者。我们对酒精的热爱点燃了文明，这一说法基于这样一个命题：谷物农业和随之而来的人类定居旨在为酿酒者提供原料。这一思想最早出现于20世纪50年代，与"烘焙第一"的文明观形成了鲜明对比。只要人类数量仍然很少，狩猎和采集就能满足人类的营养需求，人类就没有定居的动力。酿造给游牧民族带来了更大的困难。除了用棕榈酒或用野生高粱酿造的少得可怜的啤酒之外，人们还需要种植草和葡萄来确保酒精的可靠供应。一些人认为这是文明起源于村庄的原因：村庄周围是金色的大麦田，山上是成排的葡萄藤。

著名人类学家莱维–斯特劳斯（Claude Lévi-Strauss）将酿造技术的发明视为人类从"自然走向文化"（nature to culture）的象征。[19] 莱维–斯特劳斯认为，蜂蜜酒而不是啤酒或葡萄酒，是鼓励定居的原始饮料，但其中涉及的微生物因素是一样的。真菌发酵蜂蜜中的糖，就像它从谷物和葡萄浆果中制造酒精一样有效。在这里，莱维–斯特劳斯所说的"文化"是指人类行为，但稍微变化一下，"从自然到培养"（nature to culture）这一短语也适用于酿酒酵母，因为酵母是从自然中分离出来，由酿酒者培养的。

我们已经看到，人类基因组在不同程度上适应了酒精。因为每一滴酒精都来自酵母，所以有一种感觉，人类饮酒的遗传和行为在很大程度上是由糖真菌造成的。如果农业和文明是真的建立在酿酒者的需求之上，那么这就意味着我们是被酿酒酵母驯服的。对我们这些在劳累了一天之后寻找开瓶器的人来说，这种说法尤其有说服力。这种古老的相互依赖的观点是有一定道理的。酵母作为这项事业的隐秘合作伙伴，其基因组也显示出被驯化的迹象。长久以来，人们都认为酿酒酵母

---

* 公元2世纪希腊天文学家托勒玫（Ptolemy）的天动说中的最外层天球，带动所有天球转动。——译者

是一种"家养宠物",相当于微生物界的"家猫"。不同的葡萄酒酵母和啤酒酵母菌株类似于猫的品种,但微生物学家直到开始使用分子方法在野外寻找这种真菌的菌株时,才知道它们来自何处。

鉴于酿酒酵母能一直从葡萄酒压榨机中逃逸出来,在家庭葡萄园附近出现野生酵母并不奇怪,但随着搜索的继续,人们在橡树的树皮、树叶、橡子以及周围土壤中都发现了野生酿酒酵母菌株。[20] 酵母出现在远离葡萄园的森林中。这些菌株从未被驯化,也从未在酒桶或啤酒缸中存活过。菌株多样性大多数存在于在中国采集的真菌中。[21] 当我们探索人类遗传的多样性时,我们发现,我们这种两足动物在非洲的变异类型最多。跟很多来自东非大裂谷的化石一样,这是证明我们来自非洲的证据。正如智人是非洲猿的一种,酿酒酵母是亚洲真菌的一种。

酵母一旦离开中国,就遍布世界各地。酿酒中所使用的菌株似乎是在大约10 000年前从新月沃地(Fertile Crescent)向西迁移。[22] 一些植物学家认为,驯化的葡萄品种起源更近,大约始于7000年前。如果我们假设葡萄种植和葡萄酒酿造齐头并进,那么这种不匹配是非常重要的。然而,有一种可能是,早期的酿酒者在发现野生葡萄的地方就将其压榨,不知不觉中,他们的罐和压榨机上就携带了擅长发酵的酵母菌株。这些移民越深入欧洲,酵母菌通过突变而发生的变化就越大,这就解释了为什么欧洲菌株与它们的中东亲戚如此不同。葡萄酒酵母起源于10 000年前是令人信服的,因为猫、许多其他动物和农作物也是在10 000年前被驯化的。猫在村庄里繁衍生息,捕捉偷吃我们存粮的啮齿动物(或者,根据另一种说法,猫只是待在那里,没有任何实质性的贡献,就像它如今常会做的那样)。山羊和绵羊大约在同一时间被驯服,大麦和小麦是从它们的野生亲戚那里培育出来的。在近东,猪的养殖时间稍早,鸡的养殖时间较晚。

这些历史事件时间线的确定是基于不断增长的考古发现和DNA

分子钟。由4种核苷酸A、T、G和C组成的序列如GTGCAATCAC等,构成了每个人的基因组。我们人类基因组有30亿对核苷酸,而酵母的基因组有1200万对核苷酸。随着时间的推移,这些核苷酸序列会因突变而改变。一种核苷酸被替换成另一种核苷酸,或者一个核苷酸被删除,或者新的核苷酸插入现有序列。这些突变中,许多都不会进入下一代,因为发生突变的个体不会将其遗传给后代。通常,这种遗传失败是因为突变是有害的。但当突变发生在基因组的非编码区或中性区域时,由于这些区域的DNA序列不用于制造任何东西,此时突变无害,自然选择就没有机会去除这些突变。这些中性突变的缓慢积累充当了分子钟,可以通过比较物种之间或单个物种不同菌株之间的DNA序列来读取。通过核苷酸序列差异,我们可以粗略估计这些生物各自的进化时间。

葡萄酒中的酵母菌株和土壤中分离的酵母菌株之间的遗传差异,与它们10 000年来过着不同生活的情况是一致的。[23]虽然啤酒酿造有可能在葡萄酒酿造之前就已经完善了,但现存最古老的酿酒厂使用的是相对较新的酵母菌株,因此无法追踪啤酒酵母的古老活动。关于用于酿造麦芽啤酒和拉格啤酒的酵母的进化,人们做了一些有趣的工作,但是这些酵母的历史只有几个世纪而不是几千年。[24]酵母从一批啤酒转移到下一批啤酒,称为“倒灌”,这种转移总是倾向于将酿造酵母与其自然界中的亲属隔离开。因此,如果酿酒者对此很用心的话,驯化菌株和野生酵母就无法交配。这就鼓励了驯化菌株某些特性的进化,这些特性可能会使这种真菌在自然界中没有竞争力,但对啤酒酿造非常有用。在当今欧洲和美国酿酒厂使用的酵母中,这种人工选择的确凿证据可以追溯到17世纪。[25]这种驯化过程使这些酵母菌株进化出了额外的基因拷贝,使它们能够更好地利用麦芽加工过程中释放出来的糖混合物。一些美国菌株有可能是定居美国的英国雅各宾人带过来的酵母的直系后代。

酵母的历史迁移与啤酒酿酒师和葡萄酒酿酒师的迁徙密不可分。我们手捧酵母旅行,足迹遍布全球,就像谷物作物和家养动物的分布与人类活动相匹配一样。酵母和我们彼此需要,因为它自己并不能很好地传播。

酿酒酵母不是一种典型的真菌。大多数真菌的孢子会随着气流分散开来。一些常见的霉菌,如曲霉(*Aspergillus*)和青霉(*Penicillium*),在乳制品上以彩色斑点的形式"开花",在茎上形成孢子,孢子在风中如灰尘般脱落。其他真菌使用更加积极的方法来实现空气传播,包括自带"加压水枪"、由滴落的水滴驱动的孢子弹射,以及随着从小窝中溅出的雨滴飞出。[26]成百上千的孢子运动发生在眨眼之间,我们需要高速摄像机来使孢子运动变得缓慢,以便观察。每年,被动机制和主动机制的结合,将数百万吨孢子散发到空气中,影响着大气的化学成分,使得数亿人哮喘发作。

酵母不会以这些方式迁移。用显微镜观察时,我们可以看到空气过滤器被闪闪发光的孢子堵塞,但没有一个孢子是来自糖真菌的。很长一段时间以来,传统酿酒都没有刻意添加酵母,都是葡萄汁被黏附在葡萄表面的酵母细胞所"接种"。最近的研究表明,当葡萄在葡萄藤上成熟时,酵母菌不会在葡萄上繁殖,至少在葡萄未受损的情况下是如此。表皮破损的水果更容易滋生真菌,但即使如此,四分之一的浆果中也没有发现酵母。[27]在压榨过程中酵母悬浮在葡萄表面的观点更具说服力,尽管在葡萄破碎和发酵前,酿酒厂的空气中酵母含量非常低。[28]酵母来源的不确定性也适用于棕榈酒和其他发酵。酵母一旦发现自己在一罐棕榈汁中并尝到糖的味道,就会开始生长。它们可能来自罐子的内部、工匠的皮肤和衣服,或者用来搅拌发酵的勺子。毕竟,酵母只需要一个细胞就可以开始指数增长。当酵母以最快的速度生长时,细胞数量每90分钟翻一番,100个细胞的起始群体可能在两天内增长到4300亿个细胞。当酿造在同一地点频繁进行时,这些短暂的酵母残留物可能会很好地发挥作用,但这并不能解释酵母是如何在新的地方出现的。

酵母流动性的答案在于它存在于昆虫的内脏中,尤其是群居黄蜂。[29] 游离酵母细胞可能无法通过空气传播,但它们可以在黄蜂体内作为乘客进行飞行。由于葡萄园中有如此多的昆虫活动,以及成熟水果对昆虫有强大吸引力,所以昆虫吞食掉落的浆果时,酵母就会进入昆虫体内。欧洲马蜂是黄蜂的一种,在春天筑巢,巢可容纳数百只马蜂工蜂。它们是蜜蜂和其他昆虫的捕食者,并用猎物喂养自己的幼虫。随着时间的推移,当水果越来越丰富时,它们转而吃含糖的食物。黄蜂体内携带着一个酵母群落,当它们在掉落的苹果和梨之间嗡嗡作响、降落在成熟的葡萄上,以及进食和排便或攻击任何威胁它们巢穴的东西时,它们会传播酵母。

当然,酿酒是一项大生意,对大多数现代葡萄酒商来说,依靠昆虫或其他手段对葡萄进行自然感染太随意了。使用基因组已被完全测序的特定菌株被认为是大规模销售葡萄酒的必要条件。意大利是世界葡萄酒行业的领先者,年产量达50亿升。[30] 尽管许多托斯卡纳酿酒师在葡萄汁中添加了特殊的起始菌株,以发酵该地区优良的葡萄酒品种,[31] 但葡萄园中马蜂和其他黄蜂携带的天然酵母仍然是周围生态系统的参与者。有些酿酒师相信自己的葡萄酒会自发发酵,他们依赖于碎葡萄上的酵母,其中一些菌株就是由上面所说的昆虫引入的。蜂后在冬天携带酵母,将真菌从一个关闭的巢穴传播到第二年春天筑的另一个新巢穴。在一项实验中,研究者给黄蜂喂食一种在紫外光下发绿光的基因工程菌株,让它们越冬,然后在春天从它们的肠道中回收荧光酵母,来监测昆虫体内的酵母存活情况。[32] 酵母细胞交配后形成的厚壁子囊孢子似乎有助于其在通过昆虫肠道的过程中存活下来。[33]

因此,野生酵母需要昆虫如胡蜂、黄蜂和果蝇才能生存。为了吸引它们,酵母不满足于用酒精烟雾,还通过一种叫作醋酸酯的挥发性有机化合物的混合物来散发气味。在一系列巧妙的实验中,比利时科学家构建了一种突变酵母,它缺少两个控制这些芳香化合物分子合成的基因拷贝。[34](该DNA序列存在两个拷贝这件事,使我们回到了第一章中描述的基因组复制事件。)当饥饿的果蝇被放在一个小型竞技场里,里面同时有正常酵母和没有气味的突变酵母时,这些昆虫就扑向有气味的酵母。这些饥饿的昆虫在研究人员的手上受到了进一步的折磨,研究人员用蜡把它们固定住,从它们的小脑袋上取下一块外骨骼,让它们的大脑露出一个口来,并用荧光染料监测其中的神经活动。当被固定住的果蝇被酵母挥发物所笼罩时,亮绿色的荧光在它们与触角相连的大脑叶中蔓延开来。其他研究人员将电极插入果蝇的大脑,用来测量当这些果蝇受到酿酒酵母和其他酵母气味刺激时的电脉冲。[35]果蝇的神经反应表明,它们能分辨出两者。

糖真菌对果蝇的强烈吸引力,有助于果蝇寻找正在发酵的水果来作为食物。同时,酵母具有在饥饿昆虫体内方便走动的方法。对果蝇有吸引力的酵母醋酸酯,也是葡萄酒和啤酒气味的一部分,使我们沉醉。用专业鼻子评估葡萄酒的嗜酒者,与果蝇一样,是对同一种真菌气味进行反应。当然,我们也和果蝇在竞争相同的葡萄酒。几分钟内,花园里一杯无人看管的赤霞珠干红葡萄酒就被一群果蝇包围,其中大部分果蝇被红宝石一般的液体淹没。像树鼩和人类一样,果蝇拥有氧化乙醇所需的酶。这些进化是昆虫的解毒方式之一。尽管它们可以使用乙醇作为能源,但从生存的角度来看,清除乙醇更为重要。

然而,与树鼩不同,果蝇在进食后会表现出所有醉酒的迹象。当它们暴露在高浓度酒精蒸汽中,会变得兴奋,比平时更快地四处飞行,撞上障碍物,摔倒,最后入睡。[36] 果蝇可以在含酒精和不含酒精的糖水之间做出选择,喝下酒精浓度高达26%的糖浆,并在几天内越来越爱喝酒。[37] 它们的性行为也会改变。成为习惯性饮酒者的雄性果蝇会失去正常的抑制能力,增加对其他雄性果蝇和雌性果蝇的求爱行为。[38] 清醒时,交配成功的雄性果蝇对饮酒兴趣降低,性行为被雌性果蝇拒绝的雄性果蝇则会因为被拒绝而喝更多的酒。[39] 在这一段描述中用人代替果蝇,是一样的。暴露于酒精的果蝇比正常果蝇发育更慢,大脑更小,长成的成虫更小。[40] 果蝇和人类之间的相似性随着研究的深入而加深。

果蝇和人类对酒精反应相似的原因在于二者的神经系统相似。相比于我们大脑中有860亿个神经元,果蝇大脑有13.5万个神经元这件事显得无关紧要。酒精对果蝇和人类潜在的神经回路有相同的作用,二者似乎都喜欢酒精,渴望酒精,甘愿冒被酒精摧毁的风险。这种喜爱对果蝇来说不是问题,除非它们进入我们的饮料中。

另一方面,对人类来说,酿造和饮酒是我们物种的特征:**智人,一种双足猿,无论在何处定居,都能酿造啤酒和葡萄酒,并以饮酒为乐**。我们一直这样做,有基因为证。没有单一的酒精中毒基因,而是一系列基因的表达影响着酒对一个人的吸引力。环境也是至关重要的,从酒精供应到生活经历,各种影响都会驱使我们中的一些人拿起酒瓶。导致酗酒倾向的基因长期存在的原因,引发了一些令人担忧的问题。大量饮酒肯定有利大于弊的一面。这种好处必须在于性生活。在前几代人中,喝过酒的人一定在生殖方面很成功。这种社会生物学的细节尚不清楚,但有很多可能性。其中一种可能是,谷物及葡萄的种植、酿造和饮用活动对社区来说是如此稳定,以至于参与者留下了大量后代。这就是人类进程中的"需要一个酒乡"的模式,或者说酿酒酵母是和平缔造者。

另一种解释更直接,那就是年轻男女喝酒时,成为父母的可能性更大。单单喝酒能降低社交恐惧就足够了,喝酒对攻击性和顺从性的改变也在起作用。饮酒对社交行为的影响与催产素的作用惊人地相似。催产素是从脑垂体分泌的,当鼻喷剂使大脑中的催产素水平升高时,受试者会变得不那么焦虑,表达出更强的同理心,并认为其他人更值得信任和更有吸引力。[41]激素引起的积极情绪很多。催产素通过刺激抑制性神经递质γ-氨基丁酸(GABA)的释放来减轻压力和焦虑,GABA会抑制整个神经系统神经元的兴奋。酒精不会这样刺激GABA的释放,但肯定会对神经系统产生同样的软化作用。酒精还影响我们的5-羟色胺和多巴胺水平,至少起到暂时提升情绪的作用,并在过度饮酒后起到镇静剂的作用。

当然,酒精会使一些饮酒者产生攻击行为。酒精对性侵的影响是这种不愉快反应的必然结果之一,这里面也有进化机制在起作用。无论双方是否情愿,促进性生活的行为,往往会产生更多的后代。如果这种行为有某种遗传基础,它就会被绵延下去。如果喝酒能生更多的小孩,那么喝酒就会在历史长河里流传下去。过度饮酒和酗酒可能是生存的极端行为,因为使我们喜欢酒精的潜在基因具有强烈的复制倾向。成为社交酒徒或反社会酒徒的可能性可能取决于特定基因的拷贝数,或者这些基因的变异。这种观点的有趣转折点是,谷物农业的发展提供了酒精,使得有秩序的社区得以欣欣向荣,而社区制定了控制酗酒行为的规章。即使在最发达的国家,相关法律制定工作仍在进行中。

数百万年来,植物和动物一直受益于酵母发酵糖的能力。这种能力是森林生态中不可或缺的部分,帮助动物寻找食物,帮助植物宣传它们的花朵和果实。在我们开始喝棕榈酒之前,伊甸园并没有什么问题,但当我们从森林搬到农场,我们发现酒精带来了慰藉,也带来了痛苦。我们有很多理由关心糖真菌,相反它对我们并没有太大的需求。只要成熟的水果能为酵母提供糖分,动物能被酵母精彩发酵所产生的烟雾吸引过来,酵母就能过上好日子。

◆ 第三章

营养酵母：食物

　　广阔森林中,热带阳光下,新石器时代的猎人们聚在一起,喝着盛在葫芦瓢里的棕榈酒解渴。棕榈酒用干草过滤过,以清除掉昆虫。他们的食物有用柴火烧的鱼和家禽,一片片圆圆的辅以烤肉汁的烤野味,以及时令水果和野生谷物。这种杂食均衡的饮食,加上高强度的日常锻炼,使得我们的祖先保持健康到20多岁,但他们从没有喝过一杯苦啤酒或者吃过一盘三明治,享受不到其中的乐趣。

　　人类用酵母发酵葡萄酒和啤酒远远早于用它发酵面团和制作面包。未经酵母发酵的面包的制作可以追溯到我们的起源,用来从野生植物中制备面粉的磨石和杵甚至比新石器时代酿酒者留下的陶片和石片还要古老。在欧洲和俄罗斯发现的有3万年历史的磨石和杵,上面布满了禾本科植物和蕨类植物的淀粉颗粒。[1] 从这些植物中获得的古代烘烤饼干一定非常硬实,难以咀嚼,给新石器时代人的牙齿造成了沉重负担。当时还没有盐或任何其他调味品*,所以除了饱腹之外,吃这些古代饼干没有什么快乐可言。而当大多数人放弃狩猎和采集时,面包就被大规模生产。

　　古埃及人率先用被酵母产生的二氧化碳膨化的轻面团来制作面

---

* 原文如此。资料显示,新石器时代后期已有粗盐、梅子等调味品。——译者

包,取代了未经发酵的谷物面团。[2] 至于起因,目前看来很有可能是因为酿酒师和面包师在同一个场所里工作,酿酒师要培养大量的酵母,这些酵母不经意间"污染"了面团,使得面团膨胀,引起了人们的兴趣。于是人们就尝试用啤酒桶中撇下的含有酵母的泡沫去发酵面团,从而掀起了尼罗河沿岸面包制作的新浪潮。再后来,人们发现,还可以直接用少量昨天已发酵的面团来发酵新面团。

在罗马共和国,人们在家里烘焙面包,大多数家庭喜欢吃没有发酵的面包。[3] 面团由小米、黑麦和大麦等各种谷物制成,其中小麦粉最适宜制作面包,而小麦大部分从北非进口,形成巨大的市场。罗马人喜欢吃用小麦和牛奶煮成的粥糊,主食则是未发酵的面包。公元前2世纪,随着第一个面包师协会成立,家庭烘焙开始减少。在其他商人仍然是奴隶的时候,面包师协会会员已经是自由人,这体现了烘焙在当时的重要性。随着协会的成立,平民失去了对主食的控制权,政府开始接手监管面包价格,这在物资短缺时期是群众不满情绪的主要根源,有罗马诗人尤维纳利斯(Juvenal)关于"面包与马戏"(panem et circensis)的格言为证:只要有面包和马戏团,公民就不关心政治。[4]

公元1世纪,普林尼记载,在罗马帝国西部地区,从啤酒中撇出的泡沫被用于制作面包。[5] 人们将浸泡在葡萄酒中的麦麸制成活性成分,即发酵剂,相当于法国传统的鲁邦种或说液体发面团。普林尼明确区分了罗马硬邦邦的没有发酵的面包与高卢和西班牙松软的发酵小麦面包。虽然随着时间的推移,发酵面包最终在罗马流行起来,但使用新的酵母发酵面团制作轻面包的面包师,还是不得不对抗人们认为重面包更健康的根深蒂固的观念。例如在希腊,医生就推崇全麦面包具有通便作用。

罗马人喜欢烤箱或热煤烘烤出的各种发酵和未发酵的面包。军粮面包(panis militaris)是供应给军队的干饼干,牛肝菌面包(panis boletus)是用蘑菇形状的模具制备出来的,四方饼(panis quadratus)指一种圆形面包,它的面团被划成好几块,使得面包做好后能很容易地被掰成块。在庞贝古城出土的一家面包店的一个大烤箱中,装满了日常烘烤中烧焦的罗马面包(图8)。[6] 这些面包被分成8块三角形,所以叫八方饼(pahis octagonos),而不是四方饼。这间面包店里的一些面包,以及在赫库兰尼姆的一座别墅里发现的面包,都盖上了"塞勒,Q. 格拉尼乌斯·韦鲁斯的奴隶"(Of Celer, slave of Q. Granius Verus)的印章,以表明其主人。面包在家里用这种方式标记好后,被送到公共面包店。维苏威火山喷发期间,城市里弥漫着过热的空气和火山灰,面包都被炭化了。在这场灾难中,普林尼当时正领着海军救援队在赫库兰尼姆海岸的废墟中救人。塞勒表现得更好,在火山碎屑激流将他的面包变成木炭之前逃跑了。他的名字出现在后来的一份自由奴隶名单中。

在中世纪的欧洲,面包是主食。根据记载,1300年驻扎在苏格兰的军人每天可获得用于购买2磅(约1千克)面包的专门津贴。[7] 这项规定使得步兵每日摄入的大部分卡路里来自面包。贵族们喜欢吃由去除麸皮的精白小麦面粉制成的白面包。这种"优质白面包"是用麦芽酵母或发酵剂发酵的,制作方法可能是在罗马帝国衰落后的修道院中被保存下来的。穷人吃的是黑黑的"马面包",由燕麦和黑麦面粉制成,辅以大米、豌豆和小扁豆。讽刺的是,现如今这种手工面包价格高昂。

在我的小镇上,星期六的农贸市场上售卖着各种各样的面包,有硬邦邦的棕色面包,也有撒有纯白色面包屑的轻法式面包。其中,大而耐嚼的面包最受欢迎,占据C位,唯一的竞争对手是吸引着越来越多消费者的无麸质面包。相较于目前无麸质面包的狂热者,我觉得自己像一个老罗马人,自从在街上玩弹珠游戏时对在面包店拿着松软面包的年轻女性摇摇头后,就一直在吃粥和扁面包。后面我还会提到关于麸质这件事。

图8 庞贝古城出土的一块面包化石。现由那不勒斯国家考古博物馆展出

　　酵母发酵面团的过程快于其将葡萄汁发酵成葡萄酒的过程。碾磨后的谷物粉内的糖被锁在淀粉颗粒中,无法为酵母细胞利用。淀粉颗粒被谷类植物存储在种子中,用于子代的生长。把淀粉颗粒置于显微镜载玻片上,让一束偏振光透过时,它们会发光,呈现出马耳他十字图案。这种特征是由淀粉长链层叠堆积排列导致的。虽然有一些淀粉颗粒在碾磨过程中会开裂,但这种层叠结构不会消失,直到水的加入。面粉与水混合后,水合作用会导致淀粉颗粒膨胀,使得面粉中的酶将淀粉聚合物串降解成较短链的分子,并从这些短链分子的末端水解生成各种糖。不管这些炼金术一般的过程在哪里发生,所产生的糖浆对酿酒酵母来说,都像从棕榈树上榨出的甜汁一样诱人。

　　谷类面粉中的酶是一种叫作淀粉酶的蛋白质。当有水存在的时候,这些酶催化剂开始啃食膨胀的淀粉颗粒,释放出各种糖,包括葡萄糖、麦芽糖和果糖等。麦芽糖是一种含有两个葡萄糖分子的二糖。作为一种单糖的葡萄糖是酵母的理想食物,通过酵母的细胞膜被吸收利用,用于酵母的生长和出芽。果糖是面团中的另一种单糖,能快速被酵母代谢。酵母细胞也能吸收麦芽糖,但它优先利用单糖。蔗糖,是含有一个葡萄糖分子和一个果糖分子的另一种二糖。在揉捏面团的最初几分钟内,酵母能在其细胞表面将蔗糖降解成单糖。

当酵母与谷物面团混合时,它开始以糖的混合物为食,利用并消耗氧气,以最有效的形式进行新陈代谢。这种有氧呼吸能最大限度地释放能量,只产生两种废物:二氧化碳和水。但是,被包裹在一个弹性越来越大的面团球里,出芽中的酵母细胞会缺氧窒息,其新陈代谢模式被迫从有氧呼吸变成发酵。通过发酵释放的能量较少,产物则是酒精和二氧化碳。酒精的产生在葡萄酒和啤酒酿造中至关重要,但是对面包味道几乎无关紧要。酵母在面团发酵过程生成酒精,只是为了在没有氧气的情况下从糖中获取一些能量用以维持生长。酒精只是真菌废物处理系统的一部分,可以防止真菌停止工作。

在一个敞开的啤酒桶中,发酵产生的二氧化碳气泡会上升到表面,将酵母细胞鞭打成白色泡沫。在面包面团中,二氧化碳气泡会膨胀,在发酵过的面包(如恰巴塔面包)中形成气窝。二氧化碳被困在揉捏过程中形成的面筋网络内。面筋——人们津津乐道的饮食主题——是一种由谷蛋白和醇溶蛋白等组成的混合物,当面团被面包师的手挤压、拉伸、揉搓和拍打时,这两类蛋白质共同作用,产生有弹性的面条和面片。其中涉及的化学反应很复杂,包括蛋白质之间键的连续重排。[8]这使得面团随着酵母释放二氧化碳而膨胀起来。面团中少量脂质分子会影响二氧化碳在面团中的保留时间。这整个复杂的发酵过程可以通过往面团中添加被称为"改良剂"的化学物质来进行改良。含有淀粉酶的大麦麦芽是面包配方中一种常见的改良剂,所提供的额外的酶加速了糖从淀粉颗粒中释放出来,使得酵母能更快地工作。一些商业面包店则使用由工业真菌米曲霉(*Aspergillus oryzae*)生产的经过提纯的淀粉酶。

实现工业化的烘焙需要可靠的酵母来源。当地啤酒厂可以满足小型面包店的酵母需求,但存在着过程耗时长、难以保证面包一致性的问题。酸面团发酵剂更适合商业化,但是要让不同批次发酵面团中的微生物混合物保持相同非常困难,这可能会导致面包价格高昂。大型面包店需要可靠的每天能发挥相同作用的纯化酵母来源。这一点在18世纪表现得尤其明显,当时欧洲城市不断膨胀的人口为企业家提供了一个有利可图的市场。这些企业家们拥有生产和销售活酵母的资金。18世纪80年代,荷兰酿酒商和酒厂率先以湿酵母饼的方式售卖活酵母。湿酵母饼的潮湿环境使酵母得以存活。

活酵母的生产方法在19世纪得到了进一步改善。人们采用杠杆压力机将湿酵母饼的液体挤出,使得酵母细胞得到浓缩。这些压实块中的酵母来自啤酒桶中的泡沫,虽然能提供具有活性的新鲜酵母,但产量无法满足需求。由于由不适合烘焙的下层酵母菌株发酵的窖藏啤酒越来越受欢迎,情况变得更加糟糕。认识到这一危机——得有"面包与马戏",否则会出问题——下奥地利州工业联合会于1847年发起了一场竞赛,以提高纯化酵母的产量。[9]竞赛目标是用200千克谷物生产20千克酵母。竞赛奖金由荷兰盾和一枚金牌组成,相当于今天的20 000美元。当然,由此产生的专利价值要远高于此。

奖金由德国化学家赖宁豪斯(Julius Reininghaus)和他的商业伙伴毛特纳(Adolf Mautner)赢得。毛特纳在维也纳拥有一家酒厂。他们开发的维也纳工艺首先在含有玉米、大麦和黑麦的冷却糊状物中培养酵母。该冷却糊状物不含有啤酒,从而避免沾染啤酒花带来的苦味。气泡将酵母细胞带到糊状物表面形成泡沫,人们通过撇沫将这些泡沫收集起来,经蒸馏水洗涤后,让其沉淀,最后压缩成饼。赖宁豪斯和毛特纳的合作标志着欧洲工业化与巴斯德倡导的微生物学新学科的结合。鉴于我们现在对微生物的了解程度,我们很容易贬低巴斯德的关于细菌和真菌使牛奶和啤酒变酸的实验,但这些实验帮助扫除了2000多年来的无知。[10]这场知识革命对酿酒和烘焙的实际业务产生了深远的影响。发酵剂第一次被揭开神秘面纱,并且变得可控。

维也纳工艺在1867年的巴黎世界博览会上备受关注,用维也纳酵母制作的面包被认为"比所有其他面包都好"。19世纪70年代,毛特纳的工厂每年生产6000吨酵母。此时,霍斯福德(Eben Horsford)访问欧洲,为美国政府撰写一份关于维也纳面包的报告。[11]霍斯福德是哈佛大学的化学家,他通过投资烘焙而不是投资酿酒酵母发家致富。实际上,相比于生物烘焙,霍斯福德对化学烘焙更感兴趣。他是个天才,发明了现代烘焙用的泡打粉,这种泡打粉通过产生二氧化碳气泡来减轻蛋糕、饼干和馅饼皮的重量。在霍斯福德发明现代烘焙粉之前,人们用的是塔塔粉(酿酒副产品),而且在使用前必须与碳酸氢钠(小苏打)混合,二者的比例至关重要。德国化学家曾尝试用碳酸氢钠和盐酸的混合物制作蛋糕,但这种混合物会爆炸,不适合用于家庭烘焙。通过用二磷酸钙代替塔塔粉,霍斯福德创造了一种任何家庭主妇都能用的预混干粉。

泡打粉不适合用于制作面包,而且由于缺乏欧洲人所拥有的可靠酵母来源,美国面包烘焙仍然是粗制滥造。即使是能获得优质面粉的大城市面包师,也会制作出质地不均匀的劣质面包。为了挽救面包烘焙行业,霍斯福德关于维也纳工艺的报告敲响了警钟:欧洲人实际上很享受他们每天的面包!对以美国例外论为信念的美国人来说,这种外国至上主义的例子是不可接受的,[12]这激起了他们的斗志。而且,正如在美国经常被证明的那样,这位杰出的企业家是一名移民。

19世纪60年代,查尔斯·弗莱施曼(Charles Fleischmann)和他的兄弟马克斯(Max)为了逃离普奥战争从奥地利移民到纽约,此时美国内战刚刚结束。[13]查尔斯曾在欧洲的酿酒厂工作,对最新的酵母生产方法了如指掌。在纽约短暂停留后,兄弟俩向西搬到了辛辛那提,开始制作肯塔基波旁威士忌。辛辛那提有着一个边境城市的魅力,拥有一个繁荣的犹太移民社区,兄弟俩的到来受到了犹太移民社区的欢迎。弗莱施曼兄弟在俄亥俄河旁的繁华公共广场经营了一家临街的酒类经销店,后来搬到了城市西部的一个叫河滨(Riverside)的小镇,在那里他们购买了12英亩*的农田。

在成功酿酒商加夫(James Gaff)的资助下,弗莱施曼兄弟在俄亥俄河北岸建造了美国第一家酵母工厂。工厂的上、下方分别邻近铁路和俄亥俄河,这是兄弟俩选择这一地点的原因。当我得知,在过去的20年里,我每周都开车经过这个位于河滨路的工厂所在地,却从未察觉它在真菌界的意义时,我很是震惊。工厂原有的砖砌建筑早就被拆除了,取而代之的是一个儿童棒球公园。这片毫不起眼的河边废弃工厂所在地值得作为美国生物技术诞生地的历史标记。

查尔斯采用维也纳工艺生产压缩酵母方块,并对从发酵罐中收集泡沫和从废麦芽中分离真菌的方法进行改良,获得了相关专利。在酵母经过48小时的生长后,发酵罐中的泡沫被转移到丝袋中,用冷水冲洗,再用液压机将水从细胞中挤出。产品早期主要是卖给德国移民,但很快就扩展到其他消费者。弗莱施曼公司通过一家"维也纳模型面包店",在1876年的费城百年博览会上向1000万名观众推销了他们的压缩酵母,该公司展示了生产方法,现场烘焙面包,并用维也纳糕点吸引了公众。弗莱施曼的酵母蛋糕受到了专利保护,每个用铝箔包装的酵母方块上都有一个黄色标签,印着关于仿制品的警告:"没有我们的传

---

* 1英亩约为4047平方米。——译者

真签名Fleischmann & Co,都不是正品。"

到了19世纪90年代,弗莱施曼兄弟已经非常富有。查尔斯经营着4家酵母工厂,拥有若干度假地产、一个赛马场和一艘游艇,并当选为州参议院议员。他的遗体被安葬在辛辛那提斯普林格罗夫公墓湖边一座华丽的花岗岩陵墓里,陵墓被设计成一座小型帕特农神庙,是一座由酵母资助的寺庙。

尽管弗莱施曼酵母菌株具有历史意义,但其遗传特性的起源和细节尚不清楚。[14]有个流传的故事版本是说,兄弟俩带着能使他们发财致富的活酵母试管横渡大西洋。但这似乎不太可能。他们从欧洲带过来的是最新微生物技术知识和维也纳工艺经验。酵母来源并不是一个难题,辛辛那提是19世纪美国酿酒的中心,这为河滨工厂的发酵罐提供了不同的酵母菌株。

辛辛那提的莱茵河畔地区居住着德国移民,他们对啤酒的喜爱不止于一时。[15]早期的酿酒师还包括来自巴伐利亚州的默莱因(Christian Moerlein),其品牌已重组为当今美国中西部最大的手工酿酒厂之一。拉格啤酒是19世纪70年代辛辛那提最受欢迎的啤酒,采用底层发酵酵母所酿造。这意味着查尔斯·弗莱施曼一定是与一位长期酿造艾尔啤酒的酿酒师合作,找到了一种适合面包制作的顶层发酵酵母。一旦酿酒酵母在河滨地区开始生产,酿酒酵母的自然固定性或许可以防止其被其他微生物所污染。通过对原始菌种的精心维护和培育,今天出售的菌种有可能与150年前辛辛那提的啤酒酵母菌种有着极其相似的遗传背景。

最初的弗莱施曼酵母方块在没有冷藏的情况下保质期非常有限。尽管酵母方块在制造过程中已经被挤掉水分,但酵母细胞仍然含有水分,这使得它们能在室温下生长,可没几天就失去了活力。20世纪40年代,人们通过新的制造方法生产干酵母颗粒,使得这一难题得以解决。在干酵母颗粒中,酵母处于失活状态,直到它们与水混合。[16] 20世纪80年代推出的更细的干酵母颗粒加速了酵母的发酵过程,降低了面包制作对耐心这种美德的要求。这些创新都不需要改变酵母的特性,但公司可能在这一过程中引入了新的酵母菌株,以适应各种配方。

此外,酿酒师在酵母菌株的选择上面临着更多的风险,因为正如我们所看到的,葡萄酒的风味和香气在很大程度上要归功于酵母的长期发酵。如果可以将葡萄酒中酵母的复杂作用比作凡尔赛宫的壮丽,那么法国长棍面包中酵母的作用就类似于沙堡的简陋。酵母影响面包的形状和面包屑的质地,但不影响面包的味道。相比于葡萄酒酵母要在葡萄酒中发酵数周,从方形小袋中的粉末中复活的数十亿酵母细胞可以在一小时内完成其在面包面团中的作用。在这短暂的喧闹之后,烤箱的热量会驱走面粉中糖发酵后留下的任何水果味。

在查尔斯·弗莱施曼赢得美国消费者的青睐之前,商业酵母已经在欧洲生产了。乐斯福(Lesaffre)是一家总部位于马康巴勒尔的法国公司,于19世纪70年代开设了第一家酵母工厂,至今仍是最大的酵母生产商。乐斯福于2001年收购了美国品牌红星酵母。拥有弗莱施曼酵母的英联食品(Associated British Foods)的酵母市场份额位居第二,随后依次是加拿大的拉曼公司和中国的安琪酵母公司。[17] 酵母产业价值近30亿美元,酿酒酵母的年产量超过200万吨。亚洲烘焙食品的日益普及是酵母市场增长的主要因素。

用于烘焙的干酵母和湿酵母的现代化生产是一个高水平的技术进步:人们在闪闪发光的不锈钢发酵罐或生物反应器中繁殖成吨的真菌,并把它们收集起来。该生产过程的细节因工厂而异,这可能也是为什么酵母生产厂家认为其设施的保密安保至关重要。在为撰写这本书做调研的时候,我给酵母生产领域的大公司打去的电话大多受到冷冰冰的待遇,写的电子邮件也没有得到回复。当我与一家跨国食品公司的总裁交谈时,他表示所涉及的商业机密的漏密风险太高,没办法让我穿着无菌鞋套在他的工厂走来走去。我曾考虑要不要穿上白大褂,戴上护目镜,假装微笑着从身穿制服的警卫身边走过,以混进田纳西州最大的酵母生产工厂中去。但我慎重地考虑了这个想法后放弃,因为想起几年前我没能成功地将一罐马麦酱走私到美国——这次冒险之举的意义将在后面解释。

尽管不同公司青睐的酵母生产过程的细节仍然是秘密,但是这一基本过程在生物技术期刊上有详细记载。[18] 查尔斯·弗莱施曼会对现代酵母工厂的规模叹为观止。该生产过程涉及一系列相互连接且不断扩容的发酵罐。酵母利用糖蜜进行生长,糖蜜是甘蔗和甜菜提炼糖过程中产生的副产品。在生产过程的起始阶段,进行一次糖蜜给料,酵母进行生长分裂,直到糖分和氧气耗尽。此时,为了防止酵母停止生长,需要用氧气冲洗悬浮的酵母细胞,并提供更多的营养物质。这种补料分批发酵法为酵母提供了保持出芽生长的最佳条件。当酵母长满整个发酵罐时,它们会被分流到同一生产线上的另一个发酵罐。如果一切顺利,可以通过过滤,从容量为15万升的商业生物反应器中收获10—20吨湿酵母。再使用离心机和压滤机对这些湿酵母进行浓缩,最后制成酵母乳或干颗粒。

糖蜜虽然是酵母最好的营养源,但确实有一些缺点。缺点之一是糖蜜的成本不断上升,部分原因是生物乙醇工厂也用糖蜜生长酵母。另一个问题是,某些来源的糖蜜可能被除草剂、杀虫剂、杀菌剂和有毒重金属污染。这些污染物会扰乱酵母的原有生长进程。解决这个问题的方案是将不同来源的糖蜜混合,使所得混合物中毒素的含量得到稀释。糖蜜在与维生素和真菌氮源尿素混合后,再喂给酵母。即使如此精心饲养,酵母在整个发酵过程中仍表现出代谢应激的迹象。[19]

在工业环境中,酵母生产几乎做不到"碳中和"。这是一个非常耗能的生产过程,依赖于以石油为基础的农业,并产生大量被污染的废水。美国第一家酵母工厂选择在辛辛那提郊区的河滨,是因为靠近河,有淡水可用于生产,而且便于废水排放。弗莱施曼工厂的废水与附近屠宰场、制革厂和化学工厂的废水一起直接排入俄亥俄河。

当今酵母工业的主要成本是废水处理。一些公司正在与水净化专家合作开发清洁系统,该系统利用其他微生物来发酵生产酵母留下的有机废物。环境法正在推动这项新技术,但酵母行业对河流的持续依赖仍然是事实。谷歌地球提供的航空测绘数据显示,拉曼公司运营的孟菲斯工厂与密西西比河仅一步之遥;英联马利(AB Mauri,隶属英联食品)在韦拉克鲁斯的巨大酵母工厂就位于流入墨西哥湾的里奥布兰科河的上方。安琪酵母拥有的世界上最大的酵母工厂位于中国的长江港口城市宜昌,这个工厂每月生产500吨酵母。

这些大型工业工厂显示了食品制造业在多大程度上使得所有非人类参赛者超越自然身体极限。没有人会对酿酒酵母的工作条件感到抱歉,但酵母受到的折磨让人想起了以层架式鸡笼饲养的鸡。食品行业的策略不是繁殖出芽更多、生长更快的酵母,而是将酵母聚集在一起,迫使它们快速工作。这一策略适用于烘焙酵母的规模化生产过程,以及随后的面包制作过程。

20世纪50年代,改进传统烘焙做法的努力达到了顶峰,总部位于赫特福德郡乔利伍德的英国烘焙工业研究协会发起了一项重大研究计划,提出了大胆的目标:开发最具成本效益的方法来生产完美的面包。在该计划的努力下,乔利伍德面包工艺诞生了,该工艺使得面团制备加快,并允许面包师使用低质量的小麦粉。[20] 食品科学家改进了已有的白面包配方,并尝试使用机械搅拌器以缩短从混合配料到包装面包之间所需的时间。解决方案包括将酵母的起始用量增加三倍,添加一些植物脂肪,并以前所未有的猛烈程度将面团混合三分钟。这比在撒了面粉的厨房台子上揉面团快得多。

乔利伍德工艺将杂交小麦面粉磨成细粉,使其更容易吸收水分。混合后,面团被加热,压力发生变化,迫使空气进入面团并且控制过度激发的酵母细胞形成气泡。酵母需要45—50分钟来发酵面团,随后的烘焙只需17分钟。虽然需要两个小时进行冷却,但人们仍然能在3.5小时内将面包切片放入包装袋中。而在乔利伍德工艺出现之前,英国面包师需要酵母进行过夜繁殖和发酵面团。乔利伍德工艺在发酵开始时加入更多的酵母,使得过夜发酵变得没有必要了。

乔利伍德的科学家们得到了可以自由支配的大笔慷慨预算,以支持他们对完美面包的追求。对整个项目的描述使人们意识到科学家密集的参与和有效的团队合作是十分必要的。研究人员混合并烘烤了数千批面团,并拍摄了成排的面包片,以记录其大小和形状。在外人看来,这似乎是极其乏味的工作,但令人惊讶的是,当一个大团队朝着一个共同目标努力时,科学会变得多么令人兴奋啊。虽然制作完美面包的研究无法与寻找新型抗生素的研究相提并论,但对从事完全不同科研工作的科学家来说,实验室研究的细节往往非常相似。

乔利伍德的科学家们使用的仪器之一是1920年发明的肖邦吹泡示功仪,至今仍是商业面包师不可或缺的工具。[21]现代版肖邦吹泡示功仪是由计算机控制的,在控温控湿的实验箱中将饼干大小的面团样品充气吹成完美的白色气球,从而测量面团的延展性数据。膨胀的气球每膨胀一次,就进行一次重要测量。气球大小与面团的延展性有关。透过玻璃窗看着实验箱中的气球慢慢变大直至坍塌,令人催眠。仪器使用压缩空气进行充气,模拟数十亿酵母细胞呼出二氧化碳的自然过程。肖邦吹泡示功仪售价7万美元,是大多数家庭烘焙师无法企及的。肖邦吹泡示功仪的相关技术随着工业烘焙的发展而发展,为每天生产数十万只面包的面包店提供了必要的支持。

乔利伍德实验产生于食品工业对研发进行大量投入的时代,公司目标明确,为英国烘焙工业带来了巨大的回报。一些食品公司会资助关于微生物问题的前沿研究,即使这些问题与它们的产品生产难题相去甚远。我想,他们对长期回报的可能性抱有信心,但还是很难看出有一些项目为何能获得资助。1958年,兰开夏郡布莱克浦的符号饼干有限公司(Symbol Biscuits Limited)发表了一篇关于土壤真菌捕获微小线虫的经典论文,受到了当代相关领域的三四位生物学家的推崇。[22] 在一个实验室里,一名年轻的研究人员正在诱导一种由真菌引发的微小套索,他旁边是戴着发套的工人正在从流水线上挑选饼干,这种场景看似只出现在荒诞戏剧中,但确实真实存在过,这名研究人员后来成了利兹大学食品科学专业的教授。随着全球化加剧和对长期研究的商业投资的减少,20世纪80年代,企业博士学位的选择减少了,科学对企业来说也没那么有创造性了。

乔利伍德工艺已成为英国的行业标准,并被其他许多国家采用。北美小麦往往比欧洲小麦有更高的面筋含量,由此制成的面团也更耐高速混合。因此,美国面包是通过分批混合生产的。在分批混合中,真菌被充分地赋予2—4小时的发酵时间,这意味着面团在烘烤前可以静置发酵。自20世纪20年代以来,奇迹面包(Wonder Bread)一直是在北美颇受欢迎的大规模生产的面包。它的宣传语是"柔软、洁白,和童年一样健康",这从许多角度来看都令人不安。[23] 我们这边农贸市场的面包师们对这种产品的看法是恐惧,就好比嗜酒者对美国酒类商店出售的强化葡萄酒表现出的恐惧,这些酒的名字比如"夜间列车快车"或"MD 20/20"*,听起来更像是杀虫剂。白色切片面包和带有人造颜色的

---

　　* MD 20/20(通常被称为疯狗)是一种美国强化葡萄酒。MD代表它的生产商 Mogen David。MD 20/20的酒精含量因口味而异,从13%到18%不等。——译者

葡萄酒是人类和酵母历史合作过程中的悲哀。

阴谋论者声称,面包店开发出了在现代面包生产中表现恶劣的弗兰肯酵母。[24]在这个故事的乔利伍德版本中,一种改良酵母菌株的引入与腹腔疾病的发病率增加有关。考虑到患有腹腔疾病的人对面筋敏感,这似乎是不太可能的,因为乔利伍德工艺适用于生产低面筋小麦面包。酵母菌株改造无疑是酵母生物技术专家的研究重点,但与现代面包相关的任何健康问题更有可能来自酶和其他化学添加剂。

酸面包(sourdough bread)的市场销售方式与用塑料包装纸包装的白色切片面包截然不同。酸面包用复杂的微生物菌群发酵而成,而非单一的酿酒酵母发酵。酸面包的发酵剂或“母面团”是一种发酵谷物粉的糊状白色混合物,含有不同种类的酵母和乳酸菌。[25]当糖分充足但氧气含量低的时候,发酵面团中的乳酸菌会发酵产生乳酸和二氧化碳,而不仅仅是酵母在释放酒精和二氧化碳。我们剧烈运动耗尽氧气时,我们的肌肉也是通过类似的生化反应累积乳酸的。乳酸会引起肌肉疲劳相关的灼热感。乙酸是乳酸菌发酵的第二副产物,影响着发酵面团的风味。

乳酸菌与酵母菌一起工作,产生酸面团。这些细菌属于乳杆菌(Lactobacillus),包括旧金山乳杆菌(Lactobacillus sanfrancisis),这是20世纪70年代由研究加利福尼亚湾区面包独特风味起源的微生物学家发现的。旧金山乳杆菌是科学界的新发现,它与一种被鉴定为梅林假丝酵母(Candida milleri)的酵母共生。这种细菌使环境酸化的原因有两个:第一,这个过程允许细胞继续进行糖代谢;第二,这是清除竞争对手的有效方法。当然,这些也正是酵母产生酒精时所获得的好处。梅林假丝酵母是一种耐酸真菌,适合与酸面团细菌一起生活,这种共生关系因梅林假丝酵母无法消耗旧金山乳杆菌青睐的麦芽糖得以巩固。

虽然这种细菌叫旧金山乳杆菌,但它并不是加利福尼亚州所特有的,而是在全世界各地的酸面团烘焙中,与梅林假丝酵母一起发酵酸面团的天然参与者。随着人们知道这两种微生物共生,在任何地方制作旧金山式面包似乎都变得很容易,但实际情况并非如此,因为还有其他种类的乳酸菌与这对微生物共生。湾区一些面包店使用的细菌和酵母的复杂混合物已经是经过许多代面包师培育的。著名的布丁面包工房(Boudin Bakery)声称,它们的酵头来自19世纪40年代布丁(Isadore Boudin)从参与淘金热的矿工那里借来的一种微生物混合物,并且培育至今。

工业化的酸面团面包制作依赖于酵头(starter)的较高发酵温度,这种环境条件不利于旧金山乳杆菌和梅林假丝酵母的生长。因此,这些在全国连锁食品杂货店出售的面包,是由其他细菌制成的,同时添加酿酒酵母以弥补原有真菌参与者的缺失。

制作酸面包的酸面团酵头的微生物学与制作法国传统面包的鲁邦种[即老面(levain)]不同。有了老面,就不需要往新面团中添加纯酵母,但这种方法并不一定能生产出酸面包。这可能会令人困惑,因为酸面团酵头和老面经常被用作同义词。如果说在工厂里制作白面包片的传统面包师像是生物战实验室的技术人员,那么她在酸面团业务中的对手很可能是一个蓄着胡须、前臂肌肉发达的家伙,早上烤好面包后就抓着冲浪板冲浪去了。许多人不喜欢酸味,但目前的手工酸面团面包的流行可以克服口味方面的障碍。

酵母在食品工业中的重要性延伸到了烘焙以外的许多产品。它在全球1000亿美元的巧克力市场中扮演着主角。这种热带雨林商品是由烘烤过的种子磨成的生可可粒制成的。可可有两种英文写法,一种是cacao,来自西班牙语,书面表述时用得比较多;另一种是cocoa,对英语使用者来说不那么刺耳,而且被广泛使用。生产可可粒需要酵母和细菌的一系列工作,来减轻从豆荚中剥取出来的种子的涩味。[26] 人们有时会将涩味和酸味搞混。涩味是由能与唾液蛋白结合的单宁所致，会使人口干舌燥。酸味是由酸性所致。可可籽从豆荚中剥落时，表面被一层白色果肉包裹着。这些包裹着果肉的可可籽被堆积成一堆、一箱或一篮子，进行长达一周的露天发酵。

在整个发酵过程，第一批出现的酵母包括季也蒙有孢汉逊酵母（*Hanseniaspora guilliermondii*）和仙人掌有孢汉逊酵母（*Hanseniaspora opuntiae*）。名字很难念，不多试几次是读不出来的。接着出现的是多株酵母菌和拗口的库德毕赤酵母（*Pichia kudriavzevii*），库德毕赤酵母也叫东方伊萨酵母（*Issatchenkia orientalis*）。[27] 库德毕赤酵母发音的绕口使其成为真菌界的洪佩尔丁克（Engelbert Humperdinck）。东方伊萨酵母除了存在于可可浆中影响其口感外，还存在于土壤以及卷心菜废料中。令人不安的是，人类的脓液、痰液和粪便中也有东方伊萨酵母。[28]

酿酒酵母存在于整个果肉发酵过程中，但生长受到细菌产生的酸性条件的制约。随着各种微生物的大量繁殖，它们以发酵初期产生的柠檬酸为食，为酿酒酵母创造了一个机会。酿酒酵母开始出芽繁殖，产生大量乙醇，使得前面的各种微生物出现酒精中毒——真是好心没好报。这种微生物种群的此消彼长与棕榈酒中的生态演替非常相似。DNA指纹技术已被用于研究豆箱条件对微生物种群兴衰的影响。一篇研究马来西亚豆类的论文第一作者是帕普利（Zoi Papalexandrato），她在一家供应尼加拉瓜可可的公司工作。[29] 我希望她的助手之一不会发现一种新的酵母，并用她的名字命名作为致敬。

待果肉发酵完成，人们对可可籽进行干燥，去除它们的薄壳，将剩下的组织磨碎成可可粒。可可粒与其他成分一起被制成巧克力。巧克力生产商对可可发酵的研究非常重视，他们希望消除一些对可可发酵的相关猜测。如果研究人员能够获得最有效去除可可粒涩味又不破坏其美味的酵母和细菌菌株，他们可能会大赚一笔。然而，与劣质酒不同,即使是最便宜的巧克力棒吃起来也是相当不错的,所以要想让最好的巧克力尝起来更美味也很困难。同时,人们的注意力转向了与咖啡果及其果肉发酵相关的酵母菌株。酿酒酵母始终是微生物菌群的一部分,且咖啡酵母菌株与可可酵母菌株非常不同。[30]尽管前者在咖啡豆烘烤前的调味作用尚不清楚,但咖啡生产商和消费者仍然对此极其感兴趣。

1900年,好时巧克力公司在美国推出的好时牛奶巧克力棒大受欢迎,促使弗莱施曼公司在食品行业中进行多样化发展。其理念是将压缩酵母蛋糕作为糖果棒的美味且健康的替代品。何乐而不为? 这些酵母蛋糕口感丝滑,营养丰富,而且与巧克力不同,还有治愈所有疾病的额外好处。[31]以下是20世纪20年代广告小曲中的一段话,足以说明弗莱施曼公司的营销策略:

孩子们喜欢这个可爱的

奶油美食

让他们每天吃

早上、中午和晚上

你会看到他们在成长

一天比一天强壮

把酵母放在手边

极佳糖果替代品

这是"酵母有利健康"广告活动的一部分,该广告在荒谬的产品宣传中刷新底线。一则刊登在《大众机械》(Popular Mechanics)杂志上的广告显示,一个长着粉刺的10多岁男孩——杂志上照片让他看起来像天花受害者——在每天食用三块酵母蛋糕以清除"血液中的垃圾毒物"后,他的异性缘大大改善。[32]另一则广告推荐春天是用弗莱施曼酵母清洗肠道的吉祥季节,弗莱施曼酵母是"治疗便秘及其伴随疾病的天然药物"。这种疗法是由"荷兰阿姆斯特丹著名肠道专家范阿姆斯特尔(Ploos Van Amstel)博士"推广的,他被描绘成一个秃顶的牧师,声称酵母法是其见过的最令人满意的肠道净化方式了。类似地,另一位医生,巴黎的维涅(Henri Vignes)博士,赞同酵母能对抗"肠道消化不良",并恳求他的读者"每天吃三块酵母蛋糕"。在广告照片中,维涅医生似乎在威胁任何无视其处方的人(图9)。

图9　1931年弗莱施曼公司的酵母广告。由上至下文字依次是:"当肠道蠕动缓慢时,我开的药是新鲜酵母……""著名的来自巴黎的亨利·维涅医生""弗莱施曼酵母是新鲜酵母……唯一让你全方位受益的酵母。每天吃三块酵母蛋糕!"

美国联邦贸易委员会对这些未经检验的断言感到担忧,但弗莱施曼公司的利润飙升。20世纪30年代,他们找到了一种新的产品营销方式,即在NBC电台赞助"鲁迪·瓦莱秀",赞助带来了冠名权,因此该节目也被称为"弗莱施曼酵母时间"。这档音乐综艺节目曾推出主持人米尔顿·伯利(Milton Berle)、喜剧二人组乔治·伯恩斯(George Burns)和格雷西·艾伦(Grace Allen),1937年路易斯·阿姆斯特朗(Louis Armstrong)担任客座主持人,它也成为第一个由非裔美国人主持的广播节目。

更严重的是,20世纪初,当全球人口总数接近突破20亿大关时,平平无奇的酵母一直被认为是解决人类饥饿的方法。当时的人口比现在少了50亿,但当时的经济学家们对面临着大规模饥荒的马尔萨斯噩梦表现出了比当代经济学家们还要大的兴趣。当然,现在我们知道,人口增长没有极限,发展经济对人口增长更好,农作物的基因改造对穷人来说是一个奇迹,环境比以往任何时候都更清洁,气候保持稳定。然而,在20世纪,大饥荒在1921年造成500万俄国人死亡,在1943年造成700万孟加拉人死亡,小饥荒肆虐过乌克兰、越南和朝鲜,粮食短缺使得人们越来越关注人口和农业生产能力。在许多场合,新鲜酵母似乎是饥荒的解决方法。

作为食物来说,酵母是单细胞蛋白,跟多细胞蛋白的肉类和鱼类不同。"单细胞蛋白"一词由麻省理工学院教授威尔逊(Carroll Wilson)于1966年提出,他以研究持续经济增长对环境的影响而著称。[33]这个命名远远优于令人困惑的法国国家医学科学院提出的另一个命名"生物合成蛋白",后者只是重申了蛋白质是生物制品这一事实。在第一次和第二次世界大战期间,德国探索了将单细胞蛋白用作动物饲料的可能性,科学家们利用新的分批补料发酵法来优化酵母生产。

纸浆制造过程中产生的棕色含糖废料,称为亚硫酸盐制浆,被用来喂养、生产酵母,酵母以酵母膏的形式从发酵罐中被分离出来。这种方法可以用来生产酿酒酵母,但更适合生产另一种酵母——产朊假丝酵母(*Cadida utilis*)或称"圆酵母"。

食品酵母的故事在20世纪40年代发生了一个可怕的转折,纳粹党卫军对其产生了兴趣,希望用酵母制作高蛋白质食品以增强前线部队的作战能力。[34] 1942年,党卫军军官兼土木工程师卡姆勒(Hans Kammler)支持在德国北部的维滕贝尔格使用奴隶劳工建造酵母工厂。对纳粹来说,这是一个低优先级的项目,但卡姆勒与一家私人制造公司达成协议,该公司同意将其生产酵母的75%输送给党卫军。虽然卡姆勒很快就对这个项目失去兴趣,但随着战争的继续,希姆莱(Heinrich Himmler)意识到新的粮食生产方法的重要性。

为了不让士兵健康冒风险,党卫军在集中营进行了酵母营养价值的试验。奥斯威辛集中营的党卫军首席医生维尔茨(Eduard Wirths)给饥饿的囚犯喂食饲料酵母和荨麻的混合物,而毛特豪森-古森集中营的党卫军营养监督员申克(Ernst-Günther Schenck)研究了用酵母制成的香肠的食用效果。数百名囚犯被饿死,纳粹拍摄了他们的尸体用于存档,许多试验幸存者则被毒气毒死。作为门格尔勒(Joseph Mengele)的上级领导,维尔茨主持了更为黑暗的试验,并于1945年上吊自杀。申克1945年被苏联军队俘虏,1953年获释。大量证据的篡改美化使许多前纳粹分子逍遥法外,得利于此,申克躲过了监禁,在亚琛去世,终年94岁。

对纳粹所鼓吹的种族优越论的讽刺之一是,纳粹驱逐了他们那个时代最聪明的科学家。他们中有些人是酵母专家。[35] 格蒂·科里(Gerty Cori)的犹太血统使她无法在布拉格大学工作,1931年,她和丈夫卡尔(Carl)搬到了纽约的布法罗。格蒂和卡尔因对糖代谢的研究于1947年获得诺贝尔奖。迈尔霍夫(Otto Meyerhof)因在乳酸代谢方面的工作于1922年获得诺贝尔奖,并于1940年离开柏林前往美国。诺伊贝格

（Carl Neuberg）是酵母乙醇发酵方面的专家，1934年被迫离职，1939年逃离德国。诺伊贝格虽然没有获得诺贝尔奖，但他被称为"现代生物化学之父"，这也不算太糟。与诺伊贝格同时代的瓦尔堡（Otto Warburg）确实获得了诺贝尔奖，但他是个例外，因为他在整个第二次世界大战期间都在柏林从事他的研究。瓦尔堡的父亲是犹太人，他被重新评估为拥有四分之一犹太血统，并受到戈林（Hermann Göring）的保护。戈林奉行维也纳市长的格言："我将决定谁是犹太人。"纳粹分子不想失去瓦尔堡，因为他从事着与癌症相关的研究，而希特勒（Hitler）非常害怕这种万疾之王。瓦尔堡的研究助理克雷布斯（Hans Krebs）也不受纳粹的青睐，他搬到了英国，并获得了1953年诺贝尔生理学或医学奖。为此而流亡的科学家不胜枚举。

英国石油公司同样对将酵母作为人类可食用单细胞蛋白以及廉价动物饲料感兴趣，在20世纪60年代开发了在炼油厂生产的石蜡上种植酵母的技术。[36] 当时油价极低，即使把通货膨胀考虑进去，每桶成本仍不到目前的一半。酵母在一种被称为"气升式"的新型发酵罐中发酵石油这种高能食物，该发酵罐将压缩空气注入不锈钢罐中，以循环细胞。随着石化公司的大规模投资，欧洲、美国和日本都开设了专门生产单细胞蛋白的工厂。苏联也火热地采用了这项技术，并成立了全联盟蛋白质合成研究所来管理不断增加的酵母工厂。[37] 用石油生产的酵母含有微量石化产品，可能对人体有害，所以这些酵母无法用作人类食物，但可被掺入动物饲料中，为饲养的鱼提供能量。

美国对苏联的食用酵母产量的增加非常感兴趣，并于1977年委托中央情报局进行了调查，形成了一份绝密报告。[38] 这份文件于1999年公开，其中有一些段落被删除了，如果没有删除，这些段落可能会解释为什么美国中央情报局如此关注苏联的食用酵母。一种可能的解释是，苏联将食用酵母作为应对国内或国际农业危机的缓冲产品的策略

会成为战略优势。中央情报局其实没有必要担心。随着人们对将石油
馏分纳入食品链的安全性越来越担忧,以及20世纪70年代能源危机期
间油价上涨,食品酵母的投资失败了。生产石化酵母的工厂要么关闭,
要么改用其他发酵方法。

当今市场上,虽然人类的食品用酵母仅用于富含维生素的膳食补
充剂,在保健食品商店中出售,但以糖蜜为原料的饲料或饲料酵母在全
球的销售额超过3亿美元。[39] 各种各样的酵母被添加到动物饲料中。
产朊假丝酵母是其中最重要的一种,用于牛和家禽的饲料。酿酒酵母
因在降低动物热应激和提高牛奶产量方面的有效性而被用于喂养奶
牛。这些益处的潜在机制尚不清楚,但酿酒酵母可能是通过动物的消
化系统发挥作用,利用丰富的干草、青贮饲料和混合动物饲料中的糖。
奶牛在进食时会吸入大量的空气,这对瘤胃是一种负担,因为瘤胃中纤
维素的消化需要厌氧条件。添加到饲料中的酵母代谢糖时,会消耗氧
气,从而减轻这种负担。

酿酒酵母不是瘤胃菌群的正常组成部分,奶农认为它是益生菌。
自然瘤胃菌群中包括一种新美鞭毛菌(Neocallimastigomycota),它的名
字与玛丽·波平斯(Mary Poppins)的一首非常令人讨厌的歌曲相呼应。
这些奇怪的微生物会受到氧气的毒害,并利用一种类似于水螅纤毛的
结构在瘤胃内的液体中游动。[40] 当酿酒酵母开始利用瘤胃中的糖时,
随着氧气水平的下降,酿酒酵母会生产酒精。酒精的涓涓细流是否会
使得动物心情变好呢? 对奶牛来说,这可能过于奢望了。

最后一个关于酿酒酵母食物用途的例子让我想起了我的马麦酱冒
险之举。和许多英国人一样,我也戒了马麦酱,马麦酱被澳大利亚人称
为维吉麦酱(Vegemite),是啤酒厂生产的酵母黏稠液经过腌制后形成的
一种大多数人都不喜欢的抹酱。[41] 这是英国版的纳豆。当然马麦酱的
味道一点儿也不像纳豆,但与日本食品一样,大多数婴儿时期未接触过

马麦酱的人认为马麦酱令人作呕。马麦酱是未经修饰的酵母,是真菌的精华,在它最辉煌的时候被提取出来,密封在小罐子里。马麦酱在英国很便宜,但在美国却被贴上了"特色食品"的标签,售价虚高。作为马麦酱生产公司的联合利华则时不时推出限量版产品。在理性的胜利中,联合利华用吉尼斯酵母制作了一批"无酒精限量版"的马麦酱,非常稀有,所以我试图藏一罐带回辛辛那提也是合理的。但是,美国运输安全管理局的工作人员不为我关于自由贸易的说教所动,把它扔进了一个装满各种违禁品的箱子里。

某些虔诚的宗教徒对酵母有疑虑。犹太人的担心从《旧约》中能明显看出来,在逾越节期间吃发酵面包的人会受到警告,相当于希伯来人的逐出教会。在逾越节期间,犹太家庭必须将发酵食品(犹太人称作chametz)清理出去,遵守规定的人必须丢弃每一块面包屑,每一小块由酵母转化的食物。有一些变通办法,比如通过作为经纪人的拉比将chametz出售给非犹太人,假期过后再回购回来。这可能看起来很可笑,但这种做法似乎植根于人们往往将发酵与腐败联系起来,认为未经发酵的面包是真诚和真理的代表。类似地,罗马天主教和许多新教教会要求在圣餐和圣餐庆典中使用无酵面包和薄饼。东正教和东方天主教会则相反,禁止无酵面包,而赞成将发酵面包作为与上帝缔结新约的象征,新约将在上帝第二次降临后实现。

在特殊马麦酱罐子的标签上,有一行很小的印刷字,声称这种膏剂是犹太产品,但这种做法在逾越节是否有效在犹太教界仍然存在一些分歧。[42]根据我对chametz的见解,这似乎是不必要的,马麦酱罐子里只卖酵母的精华,除了一个人的气质之外,它不能发酵任何东西。

◆ 第四章

弗兰肯酵母：细胞

如果人类与酵母联盟仅止步于酿造和烘焙，那么糖真菌将几乎不会成为人类文明最伟大的微生物盟友。在我们这个时代，随着酵母在生物学研究和生物技术领域占据中心地位，它的重要性已经增加。酵母成为科研界明星的部分原因在于其足够简单。酵母是生命的流线型表达，这使得这种真菌成为实验的绝佳对象。我们知道酵母如何从糖中获取能量；我们已经在分子水平上详细研究了酵母细胞的出生、生存和死亡；我们已经对酵母基因组进行测序，离控制这种微生物的所有活动越来越近。酵母科学远非微不足道的工作，它为研究生物运行规律和生命意义提供了丰富的例证。

酵母细胞的结构跟人类细胞一样，有一个中央细胞核，它使用一张紧凑的基因蓝图，使人们可以对其进行实验操作。酵母的另一个利于实验的特性是繁殖周期短。每个酵母细胞每1—2小时产生一个芽，这意味着从移液管尖端向肉汤中所注射的一滴酵母，将在过夜培养中产生数十亿个具有相同基因组成的个体，这些个体也称为克隆。这些特征使酵母成为生物学研究的理想模型。近200年来，酿酒酵母一直是热点研究的主题，今天成千上万的科学家正在研究其生物学特性。人们已经发表了数万篇关于这种单细胞真菌的研究论文，并在实验室里投入大量的科研经费对其进行研究。无论从哪方面来看，这些努力都得到了回报。我们对酵母的了解远胜于其他任何结构比细菌复杂的生物。这些知识已转化为医学和生物技术、食品工业和酿造业的进步。更重要的是，对酵母生产生物燃料的研究可能是我们这个气候变化时代最后的希望。

因为这项科学事业的存在和发展，现代文明无疑更加丰富了。然而，我们不可能完全了解酵母细胞内部的情况，也无法想象在这个点状生命里发生着什么。任何人只要读过一篇关于宇宙起源的科普文章，或者在几次谈话中讨论过虚无的本质，就会遇到难以想象的事情。作为大自然的学生，无论老少，都意识到有些事情至今仍然让人无法理解。毕竟，在我们的进化史上，对质量和能量的等价性、空间和时间的连续性的认知没有什么用。虽然这为我们对相对论感到困惑提供了一个借口，但我们对于酵母这种生命形式简单的小东西仍然不可知的境况，似乎更令人不安。

挑战并非来自缺乏细胞生物学知识。即使是致力于酵母细胞研究的诺贝尔奖得主也被这项艰巨的任务吓倒了。根本问题不仅限于我们对酵母的理解。生物学教师在向学生解释酵母的细胞结构时，歪曲了每一种其他生物细胞的结构。真核细胞的经典图显示了外边界即细胞膜，被包围着的细胞核、散乱存在的卷饼状线粒体、片层状的高尔基体、相关的膜和以圆点表示的核糖体。细胞核是真核生物细胞的决定性特征，细胞核中的染色体是被封闭的，不像在细菌等更简单原核生物细胞中那样自由（图10）。这种描述与现实相去甚远。用贾科梅蒂（Giacometti）的像得了厌食症的青铜雕像来解释人体解剖的复杂性，要比弥合细胞结构和生物结构之间的鸿沟更容易。

要了解酵母，就需要思考它是如何工作的。我们已经解析了酵母细胞中大部分成分的化学结构，并知道其中有多少是在细胞内组织的。但当我们试图想象不同部分是如何结合在一起进行酵母生命活动时，问题就来了。例如,催化葡萄糖生成酒精的12种不同的酶是如何完成这一重要任务的?

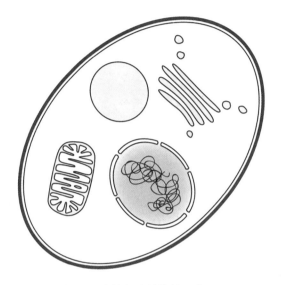

图 10　真核细胞的简单示意图

　　这条代谢途径的标准示意图以从葡萄糖指向葡萄糖-6-磷酸的箭头开始,并表明第一个反应是由一种叫作己糖激酶的酶催化的。在随后的反应中,糖分子被重组,一分为二,生成二氧化碳,释放能量。通路中的最后一种酶,醇脱氢酶,催化生成酵母的防御性化学物质,也是我们安慰感的源泉(见图3)。生物化学专业的学生在学习细胞代谢时钻研这些途径,并查阅图表,图表显示了各种纠缠在一起的化学转化,令人难以记忆。900个基因编码的酶可以催化酵母细胞中的1888个反应,产生1400多种分子。[1]其中许多反应一直在进行。己糖激酶释放一个修饰好的葡萄糖分子后,就会锁定下一个葡萄糖分子,使其连接一个磷酸基团,形成葡萄糖-6-磷酸。酵母细胞中有两种己糖激酶,仅其中一种,每个酵母细胞就含有123 000个拷贝,所以大量的葡萄糖能被转化。考虑到这只是众多同时发生的、由数百种酶的数万个拷贝驱动的化学过程中的一个，我们开始领略细胞内惊人的躁动。数以百万计的代谢反应使细胞保持活力。

酒精发酵的生物化学过程可以比作农民用链条递水桶来扑灭谷仓大火。桶是化学中间体，农民是酶。但是，当我们放大到整个细胞的化学反应时，这个类比就不成立了，这需要数百条消防链，其中一些人在链条之间传递水桶，另一些人喊着指令：加速，减速，停一会儿。用弗拉门戈舞者来做类比，可能更能捕捉这些反应的精神：以疯狂的速度跺脚，但从未失去对精确舞蹈编排的控制。

无论我们采用何种隐喻，除了代谢图中混乱的线条之外，很难捕捉到超过活细胞短暂景象以外的东西。酵母持续进食、释放二氧化碳、生产乙醇和出芽，看似毫不费力，却掩盖了"活着"这件事的艰巨性。这个小小的酵母在物理上比任何已知的外星实体都复杂。以太阳为例，它非常大，非常有影响力，但其运行的机制非常简单，就是在其等离子体核心处，氢原子核聚合形成氦原子核。与酵母细胞中每时每刻发生的无数化学反应相比，我们这颗慢慢消逝恒星的辛劳在生命的壮丽面前黯然失色。

酒精发酵、蛋白质合成以及DNA复制等反应都发生在细胞的黏稠内部（图11）。酵母质量的70%或更多是水，水是其他分子溶解的溶剂。任何物质，只要没有固定在膜上、没有附着在蛋白丝上或没有与另一个大分子组装体（如核糖体）相连，就可以在水中自由地扩散。[2]"扩散"在细胞这么小的空间里非常有效，每一个分子每几秒钟就能与溶解在细胞中的所有其他分子相遇。这意味着葡萄糖分子一旦被细胞吸收就几乎立刻撞上己糖激酶。

随后的糖代谢反应会自动发生，因为反应途径中的其他酶也在附近游动。有证据表明，参与同一组反应的酶的聚集使得相关反应加速。

实现这种情况的一种方式是通过在细胞内形成蛋白质链"脚手架",将酶聚集起来。[3]这种由细丝和细管组成的网状结构被称为细胞骨架。细胞骨架执行许多功能,主要是机械功能,引导小泡运动(这些小泡携带物质进出细胞表面),控制细胞核的分裂,并在细胞出芽时重塑细胞。[4]

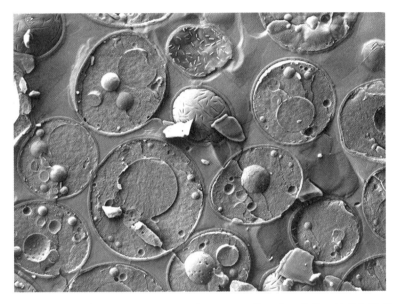

图11 经过冷冻断裂处理的酵母细胞的电子显微照片。在其颗粒状细胞质断裂的细胞中,可以看到球形液泡和单个细胞核;在照片中上部的一对在细胞表面断裂的细胞中,可以看到细胞壁和细胞膜

如果我们能让自己像禅宗人士一样欣赏酵母细胞的完美曲线,那么这种普通的真菌将被重新塑造成一个超级模特。出芽留下的疤痕是阅历的标志,是美好生活的标志。这些疤痕周围没有"妊娠纹"是酵母细胞膨胀到两个大气压(相当于山地自行车轮胎的胎压)的结果。这种压力来自因为渗透压所吸收的水。因为酵母细胞内部比其周围环境含有更多的溶解分子和离子,所以水会通过酵母细胞膜进入酵母细胞内

部。作为高渗透压细胞，酵母在葡萄汁和湿面团等液体中保持水分和异常光滑是没有问题的。

酵母丝滑的外表是由细胞壁提供的，细胞壁是由蛋白质、糖类和坚韧的几丁质（它也构成了昆虫的外骨骼）组成的复合物。曾经，人们认为细胞壁是由一系列片层构成的，类似于胶合板或复合地板。事实证明，想太简单了，用增强型聚合物，如玻璃纤维，来形容细胞壁会更贴切一些。不管怎样，酵母细胞壁异常复杂。在过去的10年或20年中，细胞生物学家肯定对酵母和其他真菌的细胞壁成分了解了更多，但距离完整解析酵母细胞壁结构的目标，似乎比以往任何时候都要遥远。更多的研究产生了更多的数据，然而细胞这堵"墙"，就像整个细胞一样，逃脱了我们的掌控。在电子显微镜下，当电子束扫过酵母细胞表面时，散射的颗粒被处理，形成细胞表面的三维图像：灰色、光滑、弯曲以及未知。[5]

除了细胞壁的化学成分之外，关于它作为一种生命材料是如何运作的，还有许多尚未解答的问题。当细胞生长和出芽时，它是如何伸展的？它如何容纳更多的几丁质而不被推压细胞内表面的内部压力破坏？细胞壁之下是一层细胞膜，由脂类和蛋白质组成的镶嵌层，充当环境与细胞之间的守门人，吸收食物并释放废物。细胞膜和细胞壁一起防止有害物质进入细胞，随着细胞的生长，两个表面层完美和谐地扩展。

和细胞壁一样，细胞膜也异常复杂。作为通道的蛋白质位于细胞膜内，用来运输钙离子（Ca^{2+}）、钠离子（Na^+）、钾离子（K^+）、氯离子（Cl^-）等离子和其他元素，这些物质来回传递，以维持细胞内盐的平衡。离子带有电荷，当它们流过通道蛋白时，会在细胞膜上传递微小的电流。在20世纪80年代发表的一篇令人惊奇的研究中，研究人员描述了他们如何检测到酵母细胞膜中的离子流动。[6]

测量流经酵母细胞膜电流的技术被称为膜片钳。为了对酵母进行膜片钳实验,要先用酶将细胞表面的细胞壁溶解掉,然后在裸露出来的细胞膜某个点上连接一根空心的玻璃针——微玻管电极。实验者通过显微镜完成这一操作过程,并用微操作器引导微玻管电极的移动,该微操作器可以缩小手部的移动幅度,防止破坏细胞。当电极尖端接触酵母时,在电极另一端所连接的塑料管末端施加一个轻轻的"吻",也就是微小的吸力。当细胞膜"回吻"时,膜就与电极内壁形成非常紧密的密封。如此将一小块细胞膜分离出来,使得离子穿越这一小块膜上的运动,可以用极其灵敏的放大器记录为电流的变化过程。

虽然直到19世纪30年代,酵母才被视为一种生物,但我们现在已经可以探测到单个原子穿过其细胞膜的运动。在了解酵母方面投入如此多的时间和金钱的原因,可以从多个层面来理解。因为酵母是一个很好的生物模型,可用以了解我们的细胞是如何工作的,所以糖真菌实验的医学作用从未远离人们的视线。这是对酵母研究进行公共投资的主要理由。私人资金被酵母在酿造、烘焙和其他生物技术企业中更直接的用途所吸引。这些应用为酵母研究带来了科研资金,但并不能解释科学家为什么愿意终其一生在实验室里进行酵母研究。最强烈的动机是追逐的刺激,是发现之前没有被发现的酵母细胞秘密所带来的动力。

1996年,《科学》(Science)发表了一篇题为《拥有6000个基因的生命》的短文,彻底改变了酵母的研究。[7]它是有关酿酒酵母全基因组测序项目的报道。导致儿童脑膜炎的流感嗜血杆菌(Haemophilus influenza)的全基因组测序已经先一年(1995年)完成,但酵母是第一个实现全基因组测序的真核生物。酵母全基因组测序项目所涉及的劳动和技术成就是令人惊叹的:嗜血杆菌只有180万个核苷酸对,而酵母有超过1200万个核苷酸对。来自欧洲、北美和日本的600名科学家参与了该项目,项目由比利时卢旺天主教大学的戈夫(André Goffeau)主持。测序方法也因为酵母全基因组测序项目的展开而得到发展,但该项目花费了10年的时间才完成,估计耗资4000万美元。此后,基因组测序价格就开始便宜了。2013年,德国和美国的研究人员对700多个酵母菌株的基因组进行了测序,每个基因组的测序成本约为50美元。[8]测序时间缩短至两周。目前最新的方法有望在几天内完成全基因组测序。

1991年,当我认识我的妻子戴安娜(Diana)时,她是一名生物化学博士生,正在用旧方法对基因进行测序,方法是,将DNA消化成短片段,并用放射性磷P[32]标记核苷酸。放射性标记的磷装在一个叫作猪的小型铅容器中,用来标记被凝胶电泳分离的DNA片段,诸如AAATGCG-CATGCCA这样的序列是从X射线胶片上暗带组成的梯子形图案中破译出来的。整个过程非常耗时,但它改变了生物学的方方面面。这种经典的双脱氧测序方法被用于酵母基因组计划,通过引入荧光标签,使得DNA在紫外光下发光,这比使用放射性同位素安全得多,并通过在测序仪中运行凝胶电泳,自动扫描类似于条形码的凝胶DNA电泳结果图。如果没有这种自动化,就需要一个世纪才能读取酵母基因组中的所有核苷酸。[9]

获得基因组序列是研究酵母细胞基因与其结构和功能之间关系的重要进展。酵母遗传学的探索始于20世纪30年代,当时的开创性研究是由温厄(Øjvind Winge)完成的。温厄是丹麦的一名研究员,曾在哥本哈根的嘉士伯研究所工作,该实验室由著名的嘉士伯啤酒厂建立。[10]温厄设计了一种在酵母菌株之间用子囊孢子进行特定交配反应的方法,并证明这种真菌的行为符合孟德尔的遗传规律。通过这些实验,人们逐渐意识到,酵母菌可能是进行遗传学研究的理想实验生物。

20世纪40年代,卡尔·林德格伦(Carl Lindegren)和格特鲁德·林德格伦(Gertrude Lindegren)夫妇发现了a和α交配型酵母。林德格伦夫妇在圣路易斯华盛顿大学的实验室获得了安海斯–布希公司(Anheuser-Busch Company)的资助,该公司的产品包括著名的百威啤酒。出于明显的原因,大型啤酒厂一直资助酵母研究。利用他们对酵母交配系统的了解,林德格伦夫妇为酿酒酵母绘制了第一张染色体图,显示了基因在染色体上的相对位置。[11]

卡尔是个复杂的人。与他对遗传学的开创性贡献相悖的是,他拒绝承认DNA携带遗传信息。1953年DNA双螺旋结构被宣布后,他仍然顽固地坚持这种信念。[12]他还支持苏联遗传学家李森科(Trofin Lysenko)提出的关于后天遗传的观点,而李森科不支持孟德尔遗传学。抛开这些奇怪的想法,他与妻子的酵母研究工作是后来酵母基因组计划的基础之一。

编码酵母蛋白的6000个基因占1200万个总核苷酸序列的四分之三左右。[13]这些基因编码的大多数蛋白质的功能已知。它们参与细胞所有的生命活动,包括通过细胞膜输入糖,在细胞质中代谢这些糖,制造囊泡和细胞壁,以及修复受损的DNA。超过200种蛋白质是信号分子,使细胞得以应对环境变化,调控细胞内不同区域特定生命过程。决定细胞寿命的蛋白质有1603种,性行为相关的有1228种,涉及芽形成的403种,调控死亡的124种。蛋白质的功能是重叠的,因此许多单个基因的蛋白质产物参与了多种机制。

对基因组的分析始于寻找开放阅读框(open reading frames,ORF),因为它通常对应于基因。开放阅读框是DNA中的一段核苷酸序列,以启动翻译过程的起始指令开始,以停止转录过程的终止指令结束。"转录"是以DNA基因为模板生成信使RNA(mRNA)。所生成的mRNA在核糖体中作为模板,被"翻译"成蛋白。从DNA到RNA再到蛋白质,是从基因释放遗传信息的过程。DNA序列中,每三个核苷酸组成一个密码子。每个密码子编码一个特定的氨基酸,氨基酸排列在一起形成蛋白质。启动和终止开放阅读框翻译的指令也是密码子的类型：ATG是唯一的起始密码子，TAG是三个终止密码子中的一种。在基因组中，起始密码子和终止密码子之间的密码子序列，就是编码蛋白质的基因。研究人员通过将这些序列与保存在遗传大数据库中其他生物的DNA进行比对，实现对基因组的注释，将基因与其蛋白质产物一一对应起来。

一旦发现了编码蛋白质的基因，下一步就是了解蛋白质的功能。当基因在多个物种中具有相似序列时，这就很简单。如果自然界中广泛存在同一种蛋白质的不同版本，其编码基因可能具有共同的进化起源。这些基因被称为同源基因。编码分解葡萄糖的己糖激酶的基因是同源基因的一个典型例子。尽管己糖激酶基因的核苷酸序列在物种之间有很大差异，但它们都包含一个共同的核苷酸子集，称为基序。基序是基因研究者的路标。

其他基因的功能更难从它们的核苷酸序列中被识别出来。了解其功能的最佳方法是研究核苷酸序列被破坏的酵母突变菌株的行为。自然突变是由出芽过程中的DNA复制错误引起的。在比较娇贵的酵母菌株中，每次细胞分裂时都会发生基因组突变中的一种，但在健壮的菌株中，这种基因组突变的发生率要低很多。在实验室中，常用化学诱变剂处理细胞或将细胞暴露于紫外线中来产生突变。这些处理会破坏DNA结构，使得整个基因组发生随机突变。通过将特定基因的突变拷贝引入酵母染色体，可以获得更高精确度的基因突变，这被称为"定点突变"。

四分子分析是遗传学家用来确定特定酵母菌株是否携带突变的经典技术。[14]它由嘉士伯研究所温厄实验室开发，林德格伦夫妇将其用于染色体定位。四分子是指两种交配类型的酵母细胞杂交产生的4个子囊孢子。为了进行遗传分析，使用微操作器控制的玻璃切割针将这4

个子囊孢子分离到培养板上的不同位置。在一块培养板上以这种方式处理10—20个四分子,产生40—80个斑点,每个斑点被一个孢子占据。培养板上的孢子经过培养,最终的生长情况反映了突变基因的信息。例如,从四分子得到的四个细胞中的两个可能无法形成菌落,因为它们携带了干扰出芽的突变。由此,人们可以设计进一步的实验来确定正常基因是如何运作的。熟练的研究人员可以在一小时内分离出多达60个四分子,但这是一项令人精疲力竭的工作。近年来,随着一些步骤的自动化,该方法已被简化。研究人员还正在研究一种无需手动的技术,使用一种叫作流式细胞仪的仪器对细胞进行分类,该仪器可以读取四分子中的基因条形码。[15]

几十年来,研究携带突变的酵母菌株一直是酿酒酵母研究的主要内容,也是我们理解基因功能的基础。揭开酵母基因组的神秘面纱后,研究人员启动了一个雄心勃勃的酵母敲除项目:构建一整套菌株库,含有数千株单基因敲除菌株,每株都缺少6000个基因中的某一个。[16]该方法涉及用一段人工DNA序列替换每个天然基因,该人工DNA序列包含一个称为*KanMX*的基因。这种替换不仅破坏原始基因,还能使研究人员能够确认他们已经构建了正确的突变体,因为*KanMX*赋予了正确突变菌株对遗传霉素(一种致命抗生素)的抵抗力,即在遗传霉素存在的条件下还能生长的酵母细胞就是突变体。目前,全套突变菌株库储存在欧洲和美国的冷库中。

这些敲除实验中,一个令人惊讶的发现是,大多数单个基因的敲除不会导致酵母的死亡。在有充足的糖供应时,只有五分之一的基因是酵母生长所必需的。这种明显的基因冗余的部分原因在于基因功能的重叠,当正常基因组受损时,这种重叠允许变通。在第一章中描述过,远古时期的基因组重复事件为酿酒酵母的每一个基因拷贝提供了巨大信息缓冲。[17]由于信息过载,这些拷贝中的大多数已经丢失,但即使经过一亿年的编辑,仍有多达十分之一的酵母基因有备份。

基因明显过剩的另一个原因是,只有当真菌在不太理想的环境中生长时,才需要生产相关蛋白质的基因。生活在培养皿中,沐浴在糖中,在温暖的实验室环境中,是一种非常舒适的生活。想想当你在树林中奔跑、脱水、饥饿以及被狼追赶时,你的身体比你泡在热浴缸里喝香槟时,要做得更多。对人类和酵母来说,自然界的情况要艰难得多,人类和酵母的基因组都是为了满足户外生存需要而塑造的。通过探索酵母遗传学来理解人类的活动,这是资助糖真菌基础研究的主要原因。

基因组编码的每一种蛋白质都不是独立工作的,因此目前正在研究一次敲除两个基因的效果。基因产物之间的相互作用是理解细胞功能的关键。一种被称为双杂交筛选的方法被用来揭示真菌工作时哪些蛋白质存在相互作用。[18] 将报告基因引入酵母细胞,这些报告基因的表达作为蛋白质与蛋白质成功发生相互作用的标志。一种比较常用的报告基因,是允许酵母在特殊的营养培养基上生长。另一种是,当蛋白质相互作用对形成时,会使菌落变成蓝色。当一种叫作转录因子的分子与DNA结合时,这些报告基因就会被激活。这种转录因子有两个组成部分,只有当它们结合在一起时,转录因子才能工作。将不同的蛋白质分别连接到转录因子的两个互补部分,只要酵母发生生长变化或颜色变化,就表明特定的蛋白质相互作用对已经形成。这是研究蛋白质之间相互作用的第一步。

双杂交筛选的计算机自动化使研究人员能够检查数千个基因之间的相互作用并构建数万个基因对的相互作用图谱。合成遗传阵列(synthetic genetic array, SGA)分析是研究细胞基因相互作用的另一种方法。[19] 它依靠自动化仪器来操作突变酵母菌落。这些机器人配备了一组针,就像装满钉子的微型床,它们可以拾取微小的酵母,将其接种于多孔板或琼脂平板。SGA探测数万种突变酵母菌株的组合,以揭示基因之间的相互作用。英国辛格仪器公司（Singer Instruments）制造的SGA机器人在外壳标有"标配的啤酒开瓶器"，反映了酵母实验室这一巧夺天工的主力设备所实现的娱乐科幻水平。[20]

这些非凡实验的结果可以用基因连线图来说明，其中各种彩色的点表示基因，基因根据功能进行分类，细线连接起相互作用的基因。[21]在由此产生的相互作用网络中，参与同一细胞过程（如蛋白质合成）的基因在无数的点和线中脱颖而出，这些点和线辐射到与其相关的更遥远的基因。这些基因连线图让人联想到天文图表，其中星星连在一起来显示星座。

随着大量的使用强大遗传技术的科学研究的展开，我们可能会猜想：注释酵母基因组从而找出6000个基因中的每一个基因的功能，这项工作应该几乎完成了。但是，在酵母基因组发表20年后，仍然有十分之一的酵母基因的功能未知。[22]这些孤独基因的功能令人费解，因为它们与任何其他物种的DNA序列都不相似。同样令人困惑的是，有一些开放阅读框看起来像功能基因，但似乎根本没有编码任何有用的东西。

大约四分之一的酵母基因组被鉴定为非编码DNA，这意味着这些DNA不用于生产蛋白质。[23]我们知道，一小部分非编码DNA用于转录生成不翻译成蛋白质的RNA，还有一部分非编码DNA可以在基因组中跳跃，并在发育过程中发挥各种作用。可以移动的非编码DNA序列被称为转座元件。但大多数非编码DNA似乎是无用的，被冠以垃圾DNA的称号。拥有多余的序列对细胞来说是一种负担，因为每次出芽繁殖时，这些多余序列都必须与基因组的重要部分一起被复制。所有1200万个核苷酸都必须组装串在一起，即使其中一些核苷酸序列没有任何信息价值，这似乎是一种能量的浪费。更糟糕的是，这些垃圾DNA的排列不合时宜，它们分散在基因编码序列之间，作为基因内部的隔断区间而存在。

想想在词典里印这种废话的不便吧。道金斯(Richard Dawkins)是运用百科全书和词典作为隐喻来阐释基因的大师。《袖珍牛津英语词典》(*Pocket Oxford English Dictionary*)第11版的篇长适合用来做这种阐释。[24] 在大约有1000页单词和定义的该词典中,我们需要插入总共250页的废话,以此模拟酵母基因组,而不是方便地将这些废话放在词典末尾的附录中。在这本令人困惑的出版物中,单个基因被表示为单词及其定义,非编码DNA序列被表示为插在各个单词或释义之间的废话。为了寻找单词solipsism(唯我论)的定义,我们先找到了它之前面的条目soliloquy(独白),但在找到我们要找的单词之前,必须先浏览一两页无意义的单词和字母。等我们找到了,唯我论的定义不是"the view that the self is all that can be known to exist"(认为"我"是已知存在的一切的观点),而是"the view *rabbits have silky ears* that the self is all *sea cucumber* that can be *tofu vindaloo* known to exist",其中,斜体部分是插入的废话。

酵母基因组看起来就像这样一本奇怪的词典,但酵母能毫不犹豫地避开垃圾DNA,从未将功能基因之间的垃圾DNA表达成蛋白。基因内部的非编码DNA序列被称为"内含子"。它们虽然被转录成RNA,但基因在核糖体上形成不间断的蛋白质之前,这些内含子就被去除了。就好像前面的含有斜体字母的唯我论定义,我们阅读时就知道要将这些斜体字母剔除掉来理解。这种遗传机制被称为剪接,是为了应对基因组混乱而进化出来的令人眼花缭乱的细胞变通方法之一。

人类的情况似乎更糟,因为我们的基因组比酵母更大,但其中只有2%被表达成蛋白质。我们有大约19 000个基因,被淹没在垃圾DNA之中。如果我们以《袖珍牛津英语词典》的格式打印人类基因组的30亿个字母,该出版物将达到1000卷,占据50米的图书馆书架,然而,有关蛋白质生产的说明只有20卷。这种大海捞针式的基因组构建是非智能设计的众多无可辩驳的证据之一。一些分子生物学家认为,垃圾DNA含有有用信息,只是我们尚未学会如何阅读。还有人说垃圾DNA就是垃圾,[25]支持这一论点的证据是,洋葱的基因组是我们的5倍。[26]这被称为"洋葱测试"。要么很多洋葱DNA都是垃圾,要么制作一个洋葱需要比人类更多的DNA。最谦虚的结论是,洋葱在成为洋葱的过程中,以非编码DNA的形式,积累了大量的基因包袱。与洋葱相比,人类基因组是一本相对整洁的说明书,酵母蓝图则是更为清晰明了的典范。

非编码DNA大部分是沿着从最早复制细胞出现到今天这一从不间断的生命链所收集到的废弃物。它来自基因的复制品,这些复制品被复制,发生突变,变得无用。它来自病毒感染,这些病毒将自己的基因插入染色体,错误地认为它们可能会在染色体上停留一段时间,与酵母基因组的其他部分一起被复制,并以下一代病毒的形式被重新唤醒。我们的DNA中充满了这种病毒感染"化石"。垃圾DNA就像是无尽记忆的总和,有些偶尔会让有意识的大脑兴奋,有些则会在无意识的梦中重现——"为什么我要打扮成芭蕾舞演员,准备和米克·贾格尔(Mick Jagger)一起登台?"——恰如日常生活的废弃想法。而我们会把它们放在一边,继续当前的生活,并尽最大努力忽略来自随机记忆的干扰。类似地,细胞不断复制垃圾DNA,并在制造蛋白质时将其忽略。

这些垃圾DNA之所以没有被丢弃,一定是因为在基因组复制过程中,携带它们比将其删除掉更容易。除非非编码DNA序列干扰相邻功能基因的表达,否则将其从基因组中移除的选择压力很小。这些序列对自然选择来说可能是不可见的,不会造成任何伤害,也不会带来什么好处。大量垃圾DNA保留在基因组中的另一个原因是,它们可以作为序列的储存库,用于新基因进化。这可能解释了酵母中一些孤独基因的来源。在温厄将酿酒酵母作为生物学研究的模式生物进行探索的80年后,我们虽然在酵母遗传学方面取得了惊人突破,却感觉我们已经触及一个更难以理解的表面。拥有无知是件很棒的事,因为我们知道还有很多东西要学习。

　　酵母的相对简单性被认为是其作为实验模型的优点之一,但当我们考虑单细胞真菌和多细胞人类之间的联系时,这就是一个缺点。酵母的野生生活通常是在携带相同基因的克隆体的陪伴下度过的,这意味着每个细胞对周围的其他个体而言都具有同等的重要性。同样的克隆特性适用于我们体内数万亿的人类细胞,但人类细胞是作为一个整体进行运作的。我们有神经细胞、骨细胞和视网膜细胞,这30万亿细胞都参与了将我们的基因带入未来的目标。虽然只有精子和卵细胞传递基因,但它们携带的基因与我们所有其他细胞相同。酵母细胞没有动植物细胞的这种分工。酵母甚至比同为真菌的蘑菇简单得多。食用羊肚菌茎部细胞是支撑锯齿状头部的平台,孢子从头部排出。从羊肚菌子实体中释放出的可以通过空气传播的孢子是携带这种真菌的基因进入未来的唯一细胞。

　　由于没有不同细胞类型之间的任务分工,每一个酵母细胞都有可能像精子或卵细胞一样发挥作用,通过与另一种交配类型的细胞结合,整合资源,形成子囊孢子。有性生殖是酵母更复杂的特征之一,这使得它与细菌区别开来——细菌没有有性生殖。单个酵母细胞在其发育过程中还有两个元素,使其能够超越单个细胞的孤独感。有些酵母菌在氮源缺乏时会产生丝状体。[27]当细胞的子代细胞与母代细胞不分离,并且这些细胞继续产生自己的子代细胞时,就会产生丝状体。一串串酵母细胞以这种方式发育,每一个细胞还会伸长,看起来像一串串香肠。这是克隆合作的表现,当然,距离反映生育支持、劳动分工或自我牺牲还有很长的路要走。

　　饥饿细胞从出芽转变为丝状生长的优势是机械性的。出芽的细胞堆积在表面,形成闪闪发光的团状物。丝状体使真菌通过搜索开发周围环境来寻找食物。曾几何时,偶然地(为了撰写传记),我研究真菌侵入性生长机制长达15年。侵入性生长过程使致病真菌得以穿透植物和动物的活体组织。

在交配和形成丝状体之后,酵母的第三次精彩表演被称为"滚雪花"。[28] 酵母必须在实验室里被诱导,才能形成雪花团簇结构,该实验结果是进化理论的有力证明,比家养动物繁殖更快,但其威力同样惊人。当酵母在葡萄汁或其他甜浆中生长时,其细胞往往在出芽后分离,而不是形成团块。对在液体中生长的微生物来说,结块可能是一种负担,因为这增加了细胞颗粒的质量,导致它们沉降到容器底部,无法获取分散在液体中的糖。在滚雪花实验中,通过轻轻离心酵母培养物,使得酵母结块,这样任何粘在一起的酵母细胞都会旋转着沉到试管的底部。通过将细胞从试管底部转移到新鲜培养基中,我们可以筛选获得具有成团能力的酵母细胞。这样转移60次后,酵母主要由雪花状的联合细胞组成。随着假雪花越来越大,产生独特图案的可能性也会增加,因为"花蕾"(酵母出的芽)并不是精确地在每个分裂细胞的同一位置形成的。没有一对酵母雪花是完全相同的,就像真正的由结晶水组成的雪花一样,没有两片是完全相同的。

自然界中酵母下沉的负担,在实验室里被转化为一种对酵母种群生存至关重要的特性。这是一个人工选择的例子,类似于从一窝又一窝的猎犬中挑选最高大的狗来繁殖大丹犬。[29] 查尔斯·达尔文(Charles Darwin)在其1859年代表作的开头,描述了人工选择的实验和后果,解释了育种家如何通过精心选择农场动物和赛鸽来培育特定的特性。人类的人工选择是自然选择的一种更简单模式,自然选择情况下环境条件的变化会影响物种种群中不同版本基因的频率。

雪花酵母为这一过程提供了一个有力的例证。酵母DNA中有利于母代细胞和子代细胞之间长期连接的突变,会增加培养基中酵母细胞颗粒的重量,并在离心时随着成团细胞被带到试管底部。随着这些成团细胞被转移到新鲜液体培养基中,这些突变个体将被繁殖。事实上,雪花酵母失去了在整个发酵过程中起泡所带来的好处,但这无关紧要。它的进化朝着不自然的生长形式发展,是因为它在实验室里别无选择。雪花酵母突变体被庇护起来了,远离了自然选择的高炉。

研究人员通过比较正常酵母和雪花酵母的基因组,确定了酵母中导致雪花形成的精确突变。这些遗传突变出现在基因 ACE2 中,ACE2 编码一种转录因子,调控细胞分离相关基因的表达。雪花酵母研究工作对多细胞起源感兴趣的进化生物学家来说具有重要意义。[30]雪花酵母可能存在于自然界中,但子代细胞分离是真菌的正常行为。ACE2 的突变一直都在发生,但突变导致的成团细胞处于不利地位,所以 ACE2 一旦发生突变,突变细胞就会从酵母群中消失掉。酿酒酵母作为单一细胞存在已经数百万年,极其成功。

酵母对于我们寻找多细胞起源没有帮助,至少没有直接的帮助。相反,我们不得不沿着人类祖先的分支往前推,从喜欢棕榈花蜜的树鼩的近亲,到爬行动物和鱼类的祖先,再到海绵动物。海绵、栉水母和一种奇特的扁盘动物(或扁平动物),是我们在动物进化基础上发现的海洋生物。更简单的仍然是领鞭虫类(collar flagellates)(图 12),它们的细胞利用单根尾巴或鞭毛产生水流,将细菌吸入体内。[31]这些细菌是通过一圈细小的手指状突起从水流中被过滤出来的,这些突起也是它们的名字"领"(collar)的由来。每个细胞都像羽毛球。形成菌落的领鞭虫类细胞利用蛋白质连接紧密结合在一起,形成比"酵母雪花"更有序的多细胞结构。

这些最简单动物和真菌之间的遗传对比表明,我们的祖先是相同的。我们与酵母和蘑菇的关系,远比与植物、黏菌、海藻以及尚未挖掘的各种各样生命的关系更为密切。这一点通过真菌和动物都被归类在

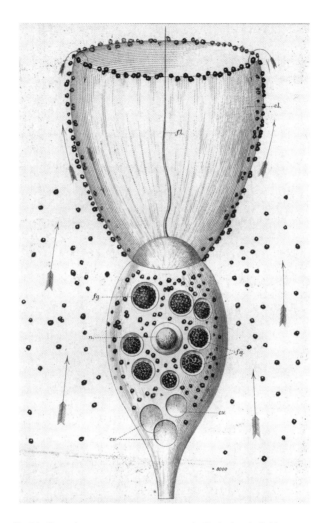

图 12 薄单领鞭毛虫（*Monosiga gracilis*），领鞭虫类，由肯特（William Sav-ille Kent）绘制。该图显示了一个薄单领鞭虫细胞，人们向细胞提供颗粒以研究这种微生物的摄食机制。当细菌被困在细胞的突起（"领"）上时，就会被吸进细胞质食物泡中

一个被称为后鞭毛生物（Opisthokonta）的超级类群中可以看出来。对可怜的创造论者来说，人类与黑猩猩的亲缘关系已经很令人恼火了，这种人类与真菌的亲缘关系一定更可怕。我们与真菌的分离发生在大约10

亿年前,前寒武纪,当时所有的生命都以单个细胞的形式存在。10亿年的时间很长,占地球历史的20%,或者说是我们的太阳在耗尽氢气之前生命的10%。然而,当我们在显微镜下观察酵母时,我们应该认识到人类自己的一些事情。酵母和人类细胞的本质是一样的。回顾本章开头讨论的经典细胞结构图——散乱的卷饼状线粒体、片层状的高尔基体等,我们可能会认为,除了细胞结构相似,酵母与人类之间再无相似之处。然而,我们仍然通过更深层次的等价关系保持一致。

回顾我们早先对酿酒酵母基因财富的盘点,我们发现,当真菌能够获得无限的食物、能保持温暖和免受压力时,其6000个基因中只有五分之一是必需的。这些不可或缺的基因中约有一半基因的序列与人类基因组中的基因序列十分相似,即它们必须是从相同的祖先DNA序列进化而来的。类似这样的匹配基因被称为同源基因,其中许多基因在物种之间是可互换的。这已经通过用人类基因替代酵母基因进行了验证。[32] 为此,人类基因的拷贝被连接在一个被称为质粒的环状DNA分子中,然后质粒被转移到酵母中。这些实验中使用的质粒可以像酵母细胞中的额外的染色体一样运作,编码表达一种或多种外来蛋白质。将这种质粒导入酵母突变菌株中——在该酵母突变菌株中,相应的真菌同源基因已经被关闭——从而揭示人类基因是否可作为替代物发挥作用。

研究人员发现,414个酵母必需同源基因中的176个可以与人类基因互相替换。在某些情况下,人类基因中只要有10%的核苷酸序列与酵母同源基因序列相匹配,这些人类基因就能发挥替代作用。可替换性是由基因功能决定的。对于酵母致力于合成和降解脂类、氨基酸及糖类的基因,人类同源基因工作得很好。然而,当研究人员用人类同源基因替换参与DNA复制和修复的基因,或指导细胞生长的关键基因时,酵母便会状态不佳。

另一种改造酵母的方法是构建含有人工合成染色体的新酵母。酿酒酵母自然版本Sc1.0是白垩纪时祖先酵母犯下基因组复制错误后形成的。一亿年后，我们在实验室里构建Sc2.0。[33]酵母16条染色体中的第一条人工染色体SynⅢ于2014年完成，另有5条于2017年从分子装配线上下线。SynⅢ是Ⅲ号染色体的时髦版本，没有垃圾DNA，并添加了被称为loxPsym位点的特殊序列。loxPsym序列被用来改变染色体上DNA块的位置。其他5条人工合成染色体具有相同的基本结构。这种以可控方式重排基因组的能力，包括改变基因位置、引入编码酵母天然储备之外的蛋白质的外源基因，将允许研究人员开发具有新性状的酵母菌株。这种形式的加速进化也将推进创建具有最小基因组酵母菌株的目标，即创建适合于"奴役"的真菌或者超级真菌。Sc2.0将是一种半人工生命形式的生命，将按照构建它的工程师的需求运行。

Sc2.0将是一个生物工程细胞，是自然与人工的混合物，对那些熟悉1982年电影《银翼杀手》(Blade Runner)和其他科幻作品的人来说是一个"复制品"。如果Sc2.0的基因组能够在不受Sc1.0基因组干扰的情况下独立运作，Sc2.0将制造自己的蛋白质合成机器，复制和修复其DNA，形成内膜系统，出芽，甚至在我们的设计下繁殖菌株Sc2.0a和Sc2.0α。生成被誉为"细胞发电厂"的线粒体是一个难题，因为它们有自己的小基因组。因此，工程师可能会使用天然酵母线粒体，或者构建具有人工合成小基因组的新线粒体。

因为基因工程师正在改造酵母而不是人类细胞，所以没有引起太多伦理担忧，但仍然有一些生物安全问题必须解决。项目负责人认为，用于酵母改造的亲本菌株是在20世纪30年代从加利福尼亚中央山谷的腐烂无花果中分离出来的。[34]这种血统听起来很天真。该菌株被标记为S288C，与酿酒酵母基因组测序项目中所使用的菌株相同。它在实验室里生长得很好，但携带了许多突变，这使它依赖于特定的培养条件,并降低了它在野外的适应性。这些缺陷应该能阻止它占领这个星球。阻碍S288C统治地球的第二个弱点是,它无法形成本章前面所描述的丝状细胞链。这意味着,它如果逃离实验室,就不能通过入侵周围环境来寻找食物。

令人担忧的一点是,这些缺陷仅适用于**未修饰**的酵母菌株S288C,而Sc2.0的生物技术前景是,我们将能够将真菌改造成我们所想要的任何东西。Sc2.0团队在其《道德与政府声明》中表示:"为了人类的利益,我们将开展和促进我们在Sc2.0方面的工作。"[35] 按照这种思路,Sc2.0可能会被重新加工,用以制造抗生素和生物燃料,生产合成纤维,或清理有毒废弃物。这是非常值得称赞的,但如果合成的酿酒酵母从密封它的小袋跳脱了,一个心怀恶意的科学家可能会试图将它改造成致命毒素的载体或导致大脑感染的病原体。和大多数真菌一样,酵母不常在人体组织中生长,但在极少数情况下,酵母会在人体内传播,令人非常不快。具有其他微生物毒性基因的弗兰肯酵母确实非常令人讨厌。"因此,"Sc2.0研究人员回应道,"我们正在探究用其他基因工程改造缺陷的可能性,以进一步降低Sc2.0实验室外生存的可能性,从而在发生意外泄漏时将伤害的可能性降至最低。"

在进化产生的物种的基础上,创造活生物体的前景令人兴奋和不安。爱因斯坦(Albert Einstein)通过方程$E=mc^2$赋予质量和能量的等价性,使得原子弹在理论上成为可能,同样,沃森(James Watson)和克里克(Francis Crick)对DNA结构的揭示释放了重构生命的前景。有充分的理由谨慎地进行对糖真菌的重新构建。年轻的酵母生物学家应该阅读或重读玛丽·雪莱(Mary Shelley)的《弗兰肯斯坦》(*Frankenstein*),从而获得智慧源泉,知道何时该回头很重要。

有趣的是,Sc2.0进行之际,正是人们对前生物世界中首批细胞的进化方式重新产生兴趣的时候。玛丽·雪莱早在达尔文进化论被揭示之前就已经开始写作了，她对查尔斯·达尔文的祖父伊拉斯谟·达尔文（Erasmus Darwin）的作品很感兴趣。在18世纪90年代出版的《动物学》（*Zoonomia*）中，伊拉斯谟认为，所有的生命都起源于"一根活的细丝……拥有通过自身固有活动持续改善的能力，并将这些改善代代相传给子孙后代"。[36]首批细胞的起源仍然是生物学中最大的谜题。[37]通过创建Sc2.0，我们正在调整已有的生命规划，该规划在数千万年间，历经扭曲和调整、通过突变进行修改、不断完成复制和编辑。通过鉴定我们认为是垃圾的DNA序列和重新编辑人工基因组中指令的位置序列，我们正在选择一种满足我们需求的酵母，而不是自然界其他的酵母。与从头开始制造细胞的壮举相比，这项工作可能微不足道，但这是掌握生命构建过程的重要一步——虽然在没有我们干预的情况下，这些原有构建过程已非常成功。

如果Sc2.0成为一种功能性合成生物体，我们将能够在单个基因水平上获得使其发挥作用的完整指令图谱。超级计算机将使我们能够对该生物中所有相互作用进行建模，获得从这一毫秒的相互作用图谱到下一毫秒的相互作用图谱。这个模拟生物将像细胞本身一样复杂，并作为一种虚拟真菌存在，在我们拔掉插头之前一直在生活和呼吸。我们将能够通过改变虚拟环境来观察这头虚拟怪兽的进化。简言之，人类将重构生命。博客作者们会以"扮演上帝"为题发表意见。

然而，我们对细胞的工作方式仍知之甚少。这让人想到了天文学中科学事实与直觉认知之间的不匹配。猎户座星云是离我们最近的恒星形成地，早在17世纪就被认为是一种特殊的存在，这比列文虎克第一次用他的单透镜显微镜观察酵母早了几十年。猎户座星云位于星座带下方，距离地球1300光年，即1.3亿亿千米（1.3×10^{16}千米），直径为24光年。这些遥远的距离是公认的事实，但从感受上说却莫测高深。如果我们以每小时6万千米的速度——这是美国国家航空航天局"新视野号"飞船在2015年飞越冥王星的速度——飞行,到达猎户座星云需要2500万年。

同样,我们已经掌握了工具,可用于改造拥有一亿年生命奇迹的酵母,但面对不断膨胀的真菌球的放大视图,我们仍然充满谦卑。即使我们已经学会了如何用计算机编程来模拟酵母细胞生命中每时每刻发生的每一个化学反应,除了弗拉门戈舞蹈的隐喻之外,我们的大脑距离理解整体仍然甚远。

◇ 第五章

大草原上的小酵母：生物技术

7月下旬的一个炎热下午，碧空万里无云，我沿着州界路向北骑行，这条路横跨俄亥俄州和印第安纳州，距离我家几英里*远。今天的最高气温达到了34 ℃。在防晒霜的保护下，加上周期性的饮水，这种天气适合长途旅行。在英国，夏天的天空通常是灰色的，而不是蓝色的，所以像这样有蓝天的日子，对在英国长大的美国移民来说，是一种乐趣。气候模型表明，未来中西部凶猛的热浪将破坏这种单纯消遣的机会。[1]今天，大气中的二氧化碳含量比我出生时高出百万分之八十，是80万年来的最高水平。我们需要一些帮助，走上碳中和的道路。

今天我承包了整条路，路上没有小汽车或大卡车，沥青路两边被玉米作物包围，路面有些地方被热气烤得发泡。天气越来越热。迁徙草蜢（*Melanopus foundosus*）发出了啁啾声，为这场单调之旅提供了舒缓的听觉背景。我很开心看到了东方蓝尾蝴蝶（*Cupido comyntas*），它们成对地飞翔，飞离这片绿色海洋中残存的野生植被。下个月，当玉米长到三米高时，这一更广阔的视野将消失，这条路看起来会更像一条隧道。这条路沿线的大片玉米是为酿酒酵母种植的，酿酒酵母将黄色玉米粒中的糖转化为乙醇。玉米乙醇的拥护者认为，酵母是我们的救赎者，是可

---

* 1英里约为1.6千米。——译者

能拯救人类的微生物界奇迹。

　　美国有9000万英亩(约3600万公顷)农田用于种植玉米,2014年,40%的玉米收成用于生物乙醇生产。[2]这项生物农业技术项目占用的农田超过了英格兰的总面积。20世纪30年代,美国有600多万个农场,后来沙尘暴爆发加上经济压力,使得大平原上的乡村县人口减少。如今,农场减少了400万个,但余下农场的平均规模增加了一倍多。每年的玉米收成支持200多个生物乙醇工厂,其生产能力为150亿加仑(570亿升)乙醇,约为美国汽油燃烧量的十分之一。[3]

　　生物燃料生产给环境造成重创,也使纳税人付出了巨大的代价。大片草原已被玉米和大豆所取代。(用大豆油生产生物柴油不需要用到酵母。)为了生产生物燃料作物而损失的草原包括牧场和干草地、退役农田,以及一些原生草原。美国的草原损失率——不是损失面积——与巴西、马来西亚和印度尼西亚的森林砍伐率相当。[4]生物乙醇工厂的建设资金依赖于慷慨的政府补贴。玉米种植者、农业企业游说者以及生物燃料最大生产地艾奥瓦州及其邻近州的参议员声称,这是满足我们能源需求的必要投资。我们正在见证一场农业革命,而酿酒酵母是催化剂。

　　玉米乙醇是一种有争议的燃料,生物燃料行业将其作为一种清洁、环保的解决方案来销售,以满足我们的能源需求,批评者则将其视为对宝贵资源的浪费。玉米的工业优势在于,它能够从土壤中吸收水分和溶解的矿物质,并利用稀薄空气制造大量的糖。乍一看,以稍微复杂的玉米糖为原料,通过酵母发酵,生产出一种简单的可燃燃料,似乎是一个好主意。为了说明生物乙醇的生产,我们用一个指向玉米的箭头显示玉米从大气中吸收二氧化碳(CO_2),另一个箭头从玉米指向酵母,第三个箭头从酵母指向乙醇+二氧化碳(图13)。这一切看起来都很好,我

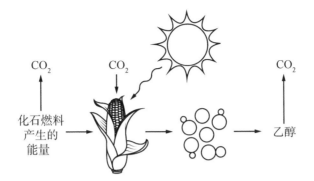

图13　以玉米为原料的生物乙醇生产和利用相关的能量流动以及二氧化碳（CO_2）的吸收和释放。阳光为植物的光合作用提供能量,植物吸收大气中的二氧化碳生成糖类。加工过的玉米中的糖被酵母利用生成乙醇。当乙醇作为燃料燃烧掉后,二氧化碳释放到大气中。由于燃烧乙醇产生的二氧化碳排放量与植物吸收的二氧化碳相平衡,这项技术的支持者声称该过程是碳中和的。不过,由于当今谷物农业行业高度机械化,相应地产生石油和天然气的消耗以及二氧化碳排放,这一情况变得复杂起来

们满足能源需求的同时,不向大气中添加任何温室气体*,但事实远非如此。

当糖转化为乙醇和二氧化碳时,熵(或无序)会增加,这意味着,从使反应进行所需的能量输入来看,是有利于从糖到乙醇的反应。如果我们逆转反应,尝试使用乙醇和二氧化碳作为原料生产糖,我们将需要大量的能量来实现这一目标。同样的道理也适用于使用煤炭作为燃料。将煤转化为二氧化碳比利用二氧化碳制造煤更容易。(尽管如此,植物在三亿年前利用石炭纪的太阳进行光合作用,成功地做到了利用二氧化碳生成煤。)煤炭的问题在于,燃烧煤炭会将古老的碳排放回大气,从而导致温室气体的净增加。生物乙醇的缺点则不明显。

＊ 主要指二氧化碳。——译者

植物将糖分子包装到玉米粒中,玉米粒是生产生物乙醇的原料。从生物燃料的角度来看,植物的其余部分是多余的,至少使用目前的工业方法是如此,因为这些组织是由纤维素和其他大分子制成的,酵母无法消化。收获后,玉米秸秆通常留在地里分解,玉米棒子散落在地上。腐烂的根系有助于稳定土壤使其免受侵蚀,直到种植下一茬作物,而腐烂的茎和叶使土壤肥沃。一些农民在玉米粒收获后不久就允许牛吃新鲜的秸秆,另一些农民则将这些纤维废料与其他材料结合起来生产饲料。这些副产品含有大量的热量,以纤维素和半纤维素的聚合物形式存在,等待在反刍动物的多室消化系统中被分解。

即使在收获了玉米芯之后,酵母仍然离制造乙醇所需的原材料有一步之遥。酵母是大自然的宠儿,除了糖以外什么都不吃,这解释了为什么必须从饱满玉米粒的淀粉粒中释放糖。这需要使用从其他微生物纯化得到的成本高昂的酶来实现。谷物粉中的淀粉酶在面包制作中至关重要,因为它能从淀粉中释放糖分。玉米粒含有自己的淀粉酶,但它们的工作速度不够快,无法用于生物燃料生产。人们利用微生物技术的巧妙两步法,实现从玉米中释放葡萄糖。第一步,称为"液化",使用热稳定型的α淀粉酶来降解淀粉。大多数生物乙醇植物都使用地衣芽孢杆菌(Bacillus licheniformis)产生的α淀粉酶(奇怪的是,这种细菌在野外以鸟类羽毛为生)。玉米淀粉浆与高压蒸汽在喷射蒸煮器中混合后发生液化。第二步称为"糖化",用丝状真菌黑曲霉(Aspergillus niger)或其远亲里氏木霉(Trichoderma reesei)生产出的糖化酶,从冷却的淀粉液中释放葡萄糖。跟酵母一样,这两种真菌都属于子囊菌类。

生物乙醇是由发酵罐中的葡萄糖制成的,这些发酵罐在啤酒厂中也能找到(图14)。由此产生的"啤酒"相当浓烈,酒精浓度与葡萄酒相当。脱气除去二氧化碳,蒸馏,然后进行一个被称为"分子筛"的过程,以除去多余的水,从而生产得到无水乙醇。无水乙醇与汽油混合后,得

图 14　现代生物乙醇工厂

到 E85 乙醇,这是一种乙醇最大浓度(体积分数)为 85% 的燃料混合物,可为灵活燃料型车辆提供动力。

　　为了正确评估玉米生物乙醇的成本和效益,我们必须考虑种植玉米所需的能源。玉米是一种昂贵的作物,需要使用常规燃料来驱动机器,大量使用化肥、除草剂、杀虫剂,还有很多的水。钾肥的生产需要从深山开采矿物,而氮肥是通过哈伯合成氨工艺生产的,这是一种高强度的化学方法,占全球能源消耗总量的 1%—2%。杀虫剂和除草剂是石油产品。中西部种植的大多数玉米都是转基因的,携带了来自苏云金芽孢杆菌(*Bacillus thuringiensis*,Bt)的基因,该基因编码 Bt 毒素,这种毒素可以摧毁欧洲玉米螟的毛虫。不幸的是,即使种植 Bt 玉米也需要使用喷洒在作物上的常规杀虫剂。

　　许多的这些化学品要经过数千英里的运输,才能在中西部的农田上进行分撒和喷洒。来自土壤的径流在田地周围的浅沟渠中流动,发出冒泡声,并流入较大的溪流,这些溪流汇合形成支流,注入俄亥俄河。俄亥俄河在伊利诺伊州的开罗与密西西比河汇合。在更南的地方,农田废弃肥料遍布南部海湾,在墨西哥湾臭名昭著的死亡地带,浮游生物的大量繁殖耗尽了氧气。我在印第安纳州骑自行车时,能明显感受到海洋生物受到威胁的征兆。在那里,肥硕的绿藻团堵塞了玉米田的溪流。只有最年长的居民才记得这些水域里曾经有鱼的时光。

宾夕法尼亚州用于输送产自天然气的乙烷的管道,就在我的自行车路线下方,很快就会跟一条生物乙醇管道连接起来。今天,大多数生物乙醇是通过铁路和卡车运输的,因为乙醇会导致管道腐蚀开裂,它本身也非常易燃。但管道输送技术正在进步,一条2700千米长的生物乙醇管道已被提议,这将使中西部从乡村农田转变成大型生物精炼厂。

现代工业化的农耕是一项将巨石滚上山的运动,这项运动并没有在巨石滚下山时回收足够能源。能量输入大于能量输出。这是热力学第二定律,没有人,即使是雨,也不能够违背它。目前,生物燃料的批评者似乎在科学界的这场争论中胜出,但前提是我们不考虑替代品。就温室气体而言,继续使用以煤炭、石油和天然气为燃料的发电厂来满足我们的能源需求比使用生物乙醇更糟,尽管糟糕程度的区别很轻微。5

种植甘蔗同样需要投入大量的能量,但至少由此得到的作物提供了蔗糖,而不是玉米淀粉,蔗糖只要从植物中榨取出来就可以被酵母发酵。甘蔗种植在巴西已有500年历史,在20世纪70年代的石油危机期间,用甘蔗生产生物乙醇成为一项重要业务。巴西是当今第二大生物乙醇生产国,在2014年,8万平方千米农田所种植的甘蔗产生了60亿—70亿加仑(约230亿—260亿升)的燃料(图15)。巴西东南部的圣保罗州是该国最大的生物乙醇生产地,类似于艾奥瓦州的农业基地。巴西的大部分农作物都是在废弃牧场上种植的,但在牛群抵达之前,这块土地上覆盖着生机勃勃的阔叶木森林。(我们如此熟悉南美洲近现代大规模砍伐森林的现象,以至于很容易忘记北美农业是建立在更早的生物灾难和人道主义浩劫之上的。在19世纪欧洲移民到来之前,艾奥瓦州

图 15　巴西甘蔗田

主要被11.6万平方千米的高草草原占据,这些草原被印第安部落(包括
艾奥瓦人、索克人、福克斯人所拥有)。[6]

　　甘蔗的茎秆部分是指由甘蔗属(Saccharus)植物的根状茎形成的棍
状结构。甘蔗属于高粱族,该族属于更大类别的禾本科。玉米和高粱
也是该族的成员,高粱是生物燃料产业开发的另一种植物。整根甘蔗
都用于乙醇生产,但收割过程中从甘蔗剥下来的叶子,通常会像玉米秸
秆一样被留在地里腐烂掉。切碎的甘蔗释放出的糖是蔗糖,是由一个
葡萄糖分子和一个果糖分子组成的二糖。酵母发酵甘蔗蔗糖的方式与
发酵小麦面团的方式相同,先将蔗糖分子分解成单糖,再消耗这些单
糖。加工过程中产生的大量纤维残渣,称为“甘蔗渣”,用于燃烧锅炉,
为生物乙醇工厂供热和发电。这一过程所采用的发酵方法和蒸馏方法
与生产玉米乙醇相似,但不需要使用淀粉酶来分解淀粉。

　　巴西已经不再销售纯汽油(E0),较新的汽车使用灵活燃料混合物,
从含有25%乙醇的E25到含有100%乙醇的E100。E27是撰写本书时

在巴西加油站销售的标准燃料混合物。政府对燃料混合物的标准会定期调整,因为乙醇成本会随着甘蔗年产量而变化。因此,尽管供需和一系列地缘政治问题控制着油价,但巴西乙醇对一些恶劣天气及恶劣天气对甘蔗收成的影响更为敏感。

巴西甘蔗发酵所用的酵母菌株比北美生物乙醇工厂发酵葡萄糖所用的酵母菌株更野生化。当甘蔗加工商将用于烘焙的商业面包酵母菌株添加到发酵罐中时,他们发现,随着发酵的进行,这些商业面包酵母被发酵罐中的原有酵母菌株所排挤。[7] 这些抢风头者比商业面包酵母更具竞争力,出芽繁殖能力远远比商业菌株强,使得商业菌株最后在发酵罐里消失不见。但是,这些野生酵母菌株一旦控制整个发酵罐,它们往往会产生泡沫,并且其乙醇产量也无法与烘焙师梦寐以求的生长缓慢的商业面包酵母的乙醇产量相匹敌,从而使发酵过程变得一团糟。

20世纪90年代,生物乙醇研究人员发现了一种新的酵母菌株,这种菌株同时具有野生酵母的攻击性和商业面包酵母的高乙醇产量,这让他们兴奋不已。这种菌株被命名为PE-2,现已成为巴西工业的宠儿。[8] PE-2是具有两组染色体的二倍体酵母菌株。二倍体菌株来自不会产生4个子囊孢子的有性结合。通过放弃孢子形成,二倍体菌株细胞比只有一组染色体的单倍体菌株细胞大。它们在每个细胞周期中复制所有32条染色体,并且可以作为二倍体细胞不停地出芽。二倍体酵母有活力并不是因为每个细胞中二倍体DNA显而易见提供了双重助力,但它们确实倾向于比其出发菌株即单倍体菌株具有更高水平的乙醇耐受性。二倍体酵母菌株现在在全球生物燃料工业中很常见。

用甘蔗生产生物乙醇对酵母来说是一次惨痛的经历。成吨的酵母细胞被添加到发酵罐中,以加速细胞悬浮液的形成。发酵过程每年连续运行6—8个月,每天运行两三次,直到新鲜甘蔗的季节性供应结束。每次运行结束时,发酵液被收集起来,通过离心收集酵母,用硫酸洗涤酵母两小时后,再将酵母和新鲜糖一起放入发酵罐,开始下一轮6—10小时的轮班。酸洗可以杀死每次发酵过程中积累的细菌。乳酸菌是生物乙醇发酵罐中的主要有害因素,就像它们是酿酒的破坏者一样。[9] 生物乙醇的味道无关紧要,但细菌产生的乳酸和乙酸会抑制酵母的乙醇合成,这是密切相关的。酵母在硫酸中不会茁壮成长,但通过酸洗,它会恢复活力,准备重新开始工作。

除了进行酸洗以外,酵母细胞都会在每次发酵的起始阶段被浓缩糖脱水,会受到来自发酵罐中热量的压迫,再几乎被自己生产的酒精所毒害。我们会在硫酸中失去皮肤,一旦剥皮,就会在糖中干瘪,被热乙醇所渗透。在维多利亚时代的英国,与烟囱清洁工签订了契约合同的攀爬男孩的经历,可能最接近于甘蔗酵母的微观奴役。[10] 这种比较没有科学意义,但可能会使人更加敬重酿酒酵母的苦难。

人们已经做出了巨大的努力来开发对热和酒精具有更高耐受性的酵母菌株。其中一种方法是采用用于"进化"出雪花酵母菌落的人工选择策略(我们在第四章中看到过)。为了获得耐热酵母菌株,酵母被接种于摇瓶,并在40 ℃(而不是酵母的最适生长温度30 ℃)下培养。[11] 该条件下,大多数细胞停止生长并死亡,幸存者被转移到保持在高温下的新摇瓶中。当连续三个月每天重复这种驯化时,酵母菌会以新的毅力出现:在40 ℃下的生长速度是其祖先的两倍。这是生理学上的重大变化:40 ℃与热水浴的温度相同。使这成为可能的进化适应是 *ERG*3 基因的突变,该基因控制细胞膜中脂质分子的合成。酵母受到温度胁迫后会导致膜损伤,*ERG*3 活性变化会产生一种固醇,称为粪甾醇,这似乎是人工选择酵母性能的基础。

这种快速有力的人工选择,未来可用于构建具有各种有用生物属性的酵母菌株。现在我们知道通过改造 *ERG*3 基因可以使得工业酵母获得耐高温的属性,我们就可以在任何酵母菌株中将该基因的天然版

本替换成改造过的 *ERG*3 基因。细胞膜化学组成的改变也可以在酿酒酵母基因组合成计划(Sc2.0 Project)所构建的弗兰肯酵母身上体现出来,但如果没有用加热的烧瓶进行简单的实验,我们就不知道该突变哪个基因。实验进化可以告诉我们该往哪里看。

另一种提高生物乙醇工业中酵母性能的方法是调整其生长条件。这并不涉及酵母基因的任何改变,从某种意义上说,这是自苏美尔人发现如何用谷物酿造啤酒以来,酿酒者一直在不知不觉中做的事情。在生物燃料工业中,真菌的酒精耐受性决定了酵母在被自己所生产的酒精搞得奄奄一息之前,可以生产多少乙醇。高浓度的乙醇会破坏细胞膜,使细胞内容物泄漏,如果通过人工处理,能使得被破坏的细胞膜继续充当细胞与其周围环境之间的守门人,那么酵母就能够耐受更多的酒精。有实验表明,在酵母生长的培养基中添加钾离子(K^+),再加上适度降低酸度,可以使细胞在乙醇浓度升高的同时保持细胞质中离子浓度的稳态的平衡。[12]

这一解释很复杂,但似乎化学环境的变化使酵母细胞膜中的转运蛋白即使在乙醇造成伤害后,也能更加轻松地继续工作。然而,这只是临时修复,因为对细胞膜的损坏不会消失。尽管如此,当乙醇含量达到临界值时,这种环境操纵可能有助于保持发酵过程运转,直至发酵结束。钾转运是乙醇耐受的关键因素这一事实也表明,对细胞膜中现有转运蛋白的基因增强也能用来提高乙醇耐受性。

一种名为CRISPR/Cas9的强大基因组编辑技术的使用预示着生物工程的一个新时代,酵母将以早期生物学家无法想象的方式被操纵。[13]长期以来,基因组编辑方法需要有针对性地删除基因,然后通过几个基因操作步骤,将替代基因整合到被删除基因的位置,从而为所构建的突变体赋予新特征。这些技术非常成功,正如我们在第四章中讨论的酵母基因组的人源化所看到的那样,但CRISPR技术通过一次性切除目标基因和插入替代物,节省了大量时间。

CRISPR被描述为"一把分子瑞士军刀",可以在一次实验中对酵母基因组进行多次编辑。[14] 该方法依赖于使用RNA分子作为酶的向导,使得该酶能跟目标DNA结合,并完成剪切和粘贴DNA的工作。这种酶是在细菌中发现的,细菌利用CRISPR机制摧毁感染它的病毒。它是一种原始的免疫系统,保护细菌免受病毒DNA注入细胞的侵害。该方法可用于改变DNA序列中的单个核苷酸,[15] 其精确度之高对临床研究人员来说非常令人兴奋,因为这使得对导致许多毁灭性疾病的人类突变进行纠正成为可能。不过,无论是用于重新设计微生物劳动力,还是像许多人担心的那样,重新设计我们自己,CRISPR这种方法都引发了大量的伦理问题。[16]

根本问题在于我们有70多亿人,有着比以往任何时候都多的消费者。我们目前人数众多,普遍追求舒适的生活,因此,我们迫切需要一个全球降温计划。加强我们与酿酒酵母的合作似乎比任何减碳减排方案都切实可行。如果酵母能够被改造成具有更多的丝状真菌的性状,而不失去其酵母特性,我们可能会永远结束对化石燃料的依赖。玉米和甘蔗也是多余的,因为这种神圣的突变体可以以堆肥和废纸为食。

可使木材腐烂的丝状真菌使用纤维素酶分解纤维素,将倒下的树木转化为溶解在土壤中的浆状物。最擅长这种神奇的循环利用的物种很多是蘑菇,包括从腐烂木头上结出的巨大托盘般子实体中脱落孢子的真菌。树舌灵芝(*Ganoderma applanatum*),俗称"艺术家的作品",是一种遍布全球的木材腐烂剂。(这种真菌的俗称来自用手写笔在水果主体的精致下侧进行蚀刻的做法,其痕迹会在所需的设计中留下细微的污渍。)新生命起始自孢子在受伤的树上萌发,这个孢子是数万亿个微小孢子中的一个,这些微小孢子离开了父母子实体下方的狭窄管道,在森林的微风中飘荡。萌发产生了复杂丝状体的第一条菌丝,它会钻进木材,从纤维素和其他复杂分子中提取糖,这些分子构成了支撑树木度过其漫长生命的硬组织。[17] 纤维素酶从生长的丝状体顶端释放出来,并将纤维素聚合物降解成葡萄糖单体,在菌丝体内代谢以产生能量。这被称为"白腐"。

如果木屑、农业废弃物、再生纸和废弃包装被切碎,浸泡在水中,并补充一些氮源,就可以喂给白腐菌。从这些纤维素材料中释放葡萄糖的白腐菌需要氧气来完成消化过程。使用这种有效的呼吸方法,林地真菌从它们吸收的每一个糖分子中获取最大数量的热量。这种策略从根本上与看似浪费的酵母生长策略不同,酵母生长无论有没有氧气,都会将大量的热量储存在乙醇中。我们能将白腐菌的工具包与酵母的快速生长特性结合起来吗?这对真菌生物学来说是一项雄心勃勃的任务,可能也是我们将化石燃料留在地下并减缓气候变化的最好希望。

使用农业废弃物而不是玉米粒或甘蔗中的蔗糖作为生产生物乙醇的原料,已经取得了重大进展。这项技术依赖于在酵母开始工作之前使用纯化的酶从麦秸和其他纤维状植物中释放糖。以这种方式生产的乙醇被称为"第二代"生物燃料。技术挑战在于植物组织中木质素将纤维素紧密包裹了。木质素是一种复杂的芳香环分支链大分子,白腐菌如树舌灵芝在消化纤维素之前必须将其去除。一种被称为"褐腐菌"的特殊真菌进化出了一种神秘的过程,能够在不必分解木质素的情况下获取纤维素。这种生化魔法从将倒下树木降解成一触即碎的棕色立方体中显而易见。棕色来自褐腐菌留下的木质素。如果我们了解这是如何工作的,我们可能会有另一个改造酵母的计划。

目前的技术使用浓酸或纯化酶处理原料中的纤维素和其他分子,以释放糖供给酵母发酵。使用腐蚀性化学品会带来安全问题,但这一过程非常有效,能将高达90%的纤维素和其他聚合物转化为可发酵糖。子囊菌里氏木霉(*Trichoderma reesei*)的转基因菌株是生物燃料工业中纤维素酶的主要来源。使用酶将纤维素分解成糖比使用浓硫酸或盐酸安全得多,但纯化的酶非常昂贵。[18]第二代生物燃料的支持者声称该技术是碳中和的,批评者则认为,这一过程产生的二氧化碳比燃烧石油和天然气更多。[19]真相取决于对生产链每一步进行详细分析,简单地对这场辩论下结论是不可能的。

人们尝试改造酿酒酵母,以完成纤维素发酵的全部工作,并取得了一定的成功。例如,将一种或多种编码纤维素酶的细菌基因导入酵母菌株,使酵母菌株具有消化纤维素的能力。[20]这对酵母来说是巨大的改变,就像把狮子变成了素食主义者。当转基因酵母以纯化的纤维素为碳源时,乙醇产量是令人鼓舞的,但当纤维素以更复杂的形式如稻草纸浆中的纤维素存在时,乙醇产量就会下降。被称为半纤维素的其他糖类,与植物组织中的纤维素和木质素结合在一起。半纤维素是可发酵糖的另一来源,其分解需要另一类被称为半纤维素酶的酶。通过基因工程手段改造酵母,使其能利用半纤维素生长,是生物燃料行业的另一个研究前沿。[21]酵母为我们酿造啤酒、发酵面包,如果我们还能说服它成为杂食动物,那么它将可以保持地球的宜居性和人类的流动性。

除了在乙醇生产方面付出巨大努力外,酵母还找到了作为丁醇、异丁醇和生物柴油的生产者的有酬工作。异丁醇,$(CH_3)_2CHCH_2OH$,正吸引着投资者的兴趣,因为它每升蕴含的能量比乙醇多。这意味着异丁醇可以与煤油或者其他石油产品混合,以生产更环保的燃料。[22]异丁醇被描述为一种类似于烃(碳氢化合物)的醇,区别在于醇含有羟基(—OH),而从石油中提炼的烃是纯碳氢链。除了作为喷气燃料的潜在价值外,异丁醇作为汽车汽油添加剂优于乙醇,并且比乙醇具有更低的挥发性和腐蚀性,易于运输。酵母对制造这些先进生物燃料有些不情不愿,当它被给予大量糖时,更愿意合成乙醇。目前我们正在努力通过基因改造来遏制这种自然趋势,其中包括敲掉酵母的一些天然DNA,并过表达来自细菌的基因。我们探索糖真菌的基因组,寻找其隐藏的优势和弱点,获得我们可以敲除和改进的基因,以传授酵母为人类服务的新魔法。

生物燃料是近年来用生物技术改造酵母取得的最显著成就,生物技术改造酵母也在人类所关注的其他领域硕果累累。夏天骑自行车时,当我停下来喝一大口水,听蟋蟀鸣叫时,身体热度就变得明显。对蚊子来说,这是喝一口英国血的机会。直到19世纪大黑沼泽和其他湿地被抽干之前,印第安纳州一直是疟疾肆虐的地狱。这一地区蚊子传播的最严重的疾病是西尼罗病毒,谢天谢地,这种病毒在中西部非常罕见。当然,蚊子叮咬是令人恼火的,驱虫剂是骑行、跑步、林地徒步旅行、城市漫步、独木舟旅行或在花园椅子上打盹的必备品。对被传播疟疾的蚊子叮咬的人来说,转基因酵母可能会成为他们的救星。

青蒿素是一种从青蒿(*Artemisia annua*)中提取的抗疟疾药物,而青蒿是一种用于中药的植物。发现并开发该药物的屠呦呦,与其他两位科学家一起,因为他们在寄生虫感染治疗方面的贡献获得了2015年的诺贝尔奖,[23] 她是第一位获得诺贝尔生理学或医学奖的中国科学家。青蒿素可以杀死疟疾寄生虫恶性疟原虫(*Plasmodium falciparum*),迄今已挽救了数百万人的生命。开发酵母作为青蒿素工厂,有望降低该药物成本,使其具有与植物来源青蒿素相同的竞争力,从而确保这种重要药物在发展中国家的持续供应。

青蒿素生物合成技术很复杂,其开发受到了比尔和梅琳达·盖茨基金会的重大资助。[24] 这项工作始于2004年,并于2012年在加州大学伯克利分校宣布成功获得生产青蒿素的酵母工程菌。该神奇的酵母工程菌拥有一条混合的生物化学途径,将酵母自身的酶与从青蒿中提取的基因编码的酶结合在一起。虽然从酵母细胞中释放的青蒿素酸分子必须经过进一步重排才能生成最终药物青蒿素,但使用单一真菌菌株生产救命药物的前体,被认为是代谢工程这一新兴学科的一大成功。

盖茨基金会的资助至关重要,因为疟疾主要流行于发展中国家,主要集中在非洲,那里的医疗支出有限,制药公司的利润也相当微薄。药物开发是一项成本高昂的业务,因此药物研发公司几乎没有动力将资源用于开发患者负担不起的药物。制药公司声称热衷于消灭热带疾病,农业综合企业则投放关于他们致力于养活世界穷人的荒诞广告,这种温和的资本主义行为暴露了制药公司和农业综合企业的虚伪本质。在没有利润的情况下,很少有公司能够关心营养不良问题。这一规则显然罕有例外,当企业押注于整版公益广告的公关效益时,广告的内容是关于撒哈拉以南儿童为即将从某种可怕的河流寄生虫病中解放出来感到欣慰。25

糖尿病是一种比疟疾有利可图得多的疾病,自20世纪80年代以来,酿酒酵母的工程菌株就一直用于生产胰岛素。胰岛素是一种蛋白质,由人类基因 *INS* 编码的 A 链和 B 链两部分组装而成。该基因的修饰版本在酵母中表达,会生成一种无活性的蛋白质,该无活性蛋白质经过胰蛋白酶处理后,成为有活性的胰岛素。2015年,全球胰岛素市场规模超过200亿美元,随着胰岛素依赖型患者的数量不断增加,当时预计到2020年,其规模将翻一番。26* 其中,丹麦的诺和诺德公司是使用酵母生产胰岛素的先驱。酵母产生了全球一半的用于治疗糖尿病的胰岛素,另一半则来自肠道细菌大肠杆菌。总部位于印第安纳波利斯的礼来公司利用这种细菌生产了其最畅销的胰岛素产品优泌乐(赖脯胰岛素)。而在20世纪80年代前,礼来公司都是从成堆的猪胰腺中提取胰岛素,这些猪胰腺来自饲养在中西部地区飞机吊架大小的谷仓里的可

---

* 实际上,由于新型降糖药物的出现,胰岛素市场反而出现萎缩,但是新型降糖药物中的代表性产品也是用酿酒酵母生产的。——译者

怜猪。用细菌生产胰岛素比用酵母便宜,但大肠杆菌所生产的胰岛素在细胞内,必须将细胞壁进行破碎后才能获得胰岛素。酵母细胞内更复杂的蛋白质组装和加工过程使得酵母能够将胰岛素释放到发酵培养液中,这使得胰岛素的提取纯化变得轻而易举。

酵母也是许多其他药物包括血液制品和疫苗的细胞工厂。人乳头瘤病毒(HPV)是宫颈癌的主要病因,使用酵母合成的病毒样颗粒作为对抗HPV的接种疫苗已成为常规。活的HPV的病毒外壳由72个名为L1的蛋白质组装而成。将编码L1的病毒基因整合到酵母的基因组上,可以使酵母产生大量的蛋白质单元L1,这些蛋白质单元自发组装,形成完整的HPV病毒外壳(称为衣壳)。组装形成的颗粒类似病毒,但又不是病毒,因为它们缺乏传播感染所需的病毒DNA。注射这种重组蛋白颗粒可引发抗体产生,并保护患者免受HPV感染。佳达修(Gardasil)是HPV疫苗的商品名,是默沙东公司一笔不错的投资。[27] 自HPV疫苗问世以来的6年里,年龄为14—19岁的青少年女性的病毒感染率下降了64%,在20—24岁的人群中感染率下降了34%。[28] 随着时间的推移,接种疫苗的效果将明显表现在预期宫颈癌病例数减少。

奥克纤溶酶(ocriplasmin)是另一种工程酵母产品,专为患有症状性玻璃体黄斑粘连的老年患者设计。这是由表达人类蛋白质消化酶的酵母所生产的。这种酶被注射到眼睛中,以溶解玻璃体和视网膜之间的连接,这些连接与衰老有关,会使玻璃体自然变形,导致视力扭曲。[29]

胰岛素和奥克纤溶酶是非常简单的药物,它们在酵母中的生产是通过直接将单个人类基因整合到真菌基因组来实现的。青蒿素生产属于另一类高级生物技术,涉及整个代谢途径的重新设计。随着人类在CRISPR技术方面的可喜突破,我们可以对酿酒酵母进行连续的基因改造,这将使我们能够利用单细胞真菌作为转基因替代品,生产珍贵的天然产品,这既令人兴奋又令人担忧。

虽然酵母可以做很多好事,但它有非常令人不安的一面,而且它有可能被操纵。在过去的 20 年里,中西部农村社区的压力增大的现象显而易见,越来越多企业倒闭,小镇上年轻人都走了,教堂宣传牌上写着的关于基督即将降临的话语带来别样的情绪。我最喜欢的广告词有一种酵母般的共鸣:"对基督徒来说,最好的维生素是 B_1。"[30] 在穿过玉米地的笔直道路的两边,还有另一种类型的广告词更直接:"入口式针具交换项目""印第安纳州警察局,冰毒匿名举报专线,请拨打 1-800-***-***""前方毒品检查站"。海洛因、可卡因和甲基苯丙胺的使用在美国小镇激增,阿片类镇痛药成瘾猖獗。[31] 这场社会悲剧与糖真菌的关系在于酵母被改造用于生产海洛因。

海洛因,或称二乙酰吗啡,是由吗啡和乙酸酐煮沸制成的。这将一对乙酰基($COCH_3$)添加到环状吗啡分子中,吗啡分子是从收获的罂粟的干乳胶中纯化而来。乙酰化使海洛因比吗啡更易溶于脂肪,使其从血液中进入大脑,立即引起快感,从长远来看,还会产生烦躁不安。

制药行业使用从罂粟种子头部划破处渗出的乳胶以及不含种子的整株植物来提取一系列天然阿片类药物,包括可待因和蒂巴因。可待因是一种相对温和的镇痛药,对某些类型的头痛有用,并且是一种有效的镇咳药。蒂巴因具有与吗啡相反的作用,作为兴奋剂而非麻醉剂,是羟考酮的前体,在美国的商品名为奥施康定(OxyContin)。羟考酮是一种比可待因更强效的镇痛药。这种药物的问题在于,它会高度成瘾,在某些情况下,造成与海洛因一样多的悲剧。

野生酵母不产生这些化合物。如果它在进化史上掌握了制造阿片类药物的技巧,棕榈酒饮者的神经末梢会沐浴在如此平静的精神中,以至于早期智人会在睡眠中成为化石记录。[32] 制造阿片类药物的生物化学途径比酒精发酵要复杂得多。与将葡萄糖转化为乙醇和二氧化碳的 12 步程序相比,它包含 18 个步骤,每个步骤都由一种单独的酶催化。

酵母自身产生酪氨酸,这是罂粟用来制造吗啡的底物。以此为起点,基因工程师在酵母中表达一个来自甜菜的基因,该基因所编码的酶可以利用酪氨酸生成左旋多巴(L-DOPA)。[33] 左旋多巴是一种大脑化学物质,可转化为多巴胺等其他神经递质,实现神经冲动从神经到神经、神经到肌肉或腺体细胞的传递。阿片类药物合成的后续步骤也被导入酵母,只缺失了重要的一步,这使得所得工程酵母菌株还停留在实验室摇瓶阶段。[34] 一旦引入了缺失的酶,我们将获得一种酵母菌株,可以生产蒂巴因、可待因和吗啡。这种真菌将是大型制药公司所追逐的菌株,一旦从实验室中释放出来,就会破坏罂粟市场。更重要的是,由自制海洛因引起的社区僵尸化将使今天的毒品流行看起来像是儿童的生日聚会。

酵母制造的海洛因可能会反常地增加同样由酵母生产的防暴喷雾的市场。这种高科技化学混合物是由一家以色列公司开发的,该公司宣传该产品"无毒、非致命、没有废话"。[35] "100%环保"的防暴喷雾配方是秘密,由酵母进行发酵,产生一种混合化合物,其气味被描述为"腐烂的肉、旧袜子的强烈混合味道……一开始是开放式下水道的刺鼻气味"。[36] 使用酵母生产的喷雾来驱赶因吃了酵母制造的药物而不稳定的人,真是种讽刺。使这更具讽刺意味的是,喷雾的名字是"臭鼬",这是海洛因和大麻的俚语之一。假设酵母喷雾类似于条纹臭鼬(*Mephitis mephitis*)的可怕气味,它似乎非常适合让人们搬到你想让他们去的地方。

无论我们把目光投向何处,我们都能找到酵母企业,撇开我对酵母明显的痴迷也是如此。回到我在转基因玉米海洋中穿行的自行车骑行旅程,野生动物的消失是如此引人注目。农田里最漂亮的动物之一是一英寸*长的橙金珠(*Argiops aurantia*),这是一种带黑色和黄色花纹的

---

* 1英寸约为2.545厘米。——译者

蛛形纲动物,它在田地边缘用一种引人注目的Z字形丝串成网,称为稳定网。20年前,我随时都能看到这些蜘蛛。现在,我得停下来,刻意寻找,才能发现一只。正是工业化的农业活动破坏了野生动物的节律。[37] 周围的飞虫太少了,这些橙金蛛曲折的网上没啥捕获。在转基因酵母被用于制造蜘蛛丝之际,自然界中构建蜘蛛网的天生奇才却在消失,这似乎是一场悲剧。[38] 加利福尼亚州一家名为 Bolt Threads 的公司正在发酵罐中养殖含有蜘蛛基因的酵母,并提取合成丝绸纤维用于服装生产。[39]

与人类遗传学研究中的同行不同,酵母科学家没有受到傲慢、扮演上帝的指控,然而这种生物技术叛乱对环境的影响可能比操纵我们基因组的任何进展都要大。酵母制造的生物燃料可能有助于保持地球的宜居性,特别是如果我们能够重新利用真菌来消耗纤维类农业废弃物的话。如果这个实验失败了,我们可能会重蹈恐龙的覆辙,被其工业伙伴抛弃的酿酒酵母将从闪闪发光的钢铁发酵罐中消失,退回古老的花香之地,并永远发芽,就像我们人类出现之前一样。

◇ 第六章

野生酵母:酵母多样性

引起致命感染的微生物在人类关注中占有特殊地位。埃博拉病毒的爆发是全球新闻快讯的内容,抗生素耐药性细菌的增加让每个人细思之下都深感忧虑。糖真菌成为明星是我们与微生物世界关系中的一个特例,这个物种因为为我们做了很多好事而出名。鉴于酿酒酵母在我们生活中占据中心地位,人们不知道酿酒酵母只是数百种酵母中的一种也就不足为奇了。其他酵母很少与人类发生直接的相互作用,但它们在我们生活中发挥着极其重要的作用。它们中的大多数以分解者的身份为生,分解生物废弃物并回收营养物质。要是没有这些酵母执行生态系统功能,我们也无法存活到现在。人类文明总是以这些生态活动为前提,这使得这些酵母的故事成为本书的重要组成部分。

进化生物学家将酵母描述为多系物种,这意味着它们是从许多不同的祖先类群进化而来的,而不是从一个共同的祖先进化而来。[1] 这与单系生物群形成鲜明对比,单系生物群如灵长类动物,起源于共同的祖先。(顺便说一句,灵长类动物的共同祖先跟笔尾树鼩很像。)酵母的行为可以归结为作为一种卵球形真菌细胞存在,通过出芽繁殖。这种行为已经在生命之树真菌这一侧的几个不同分支上独立发展和传播。这些酵母大多属于子囊菌类,与羊肚菌和松露有亲缘关系,还有一些物种则分布在另外一个单独分支上,与伞菌共用一个分支。第三类酵母则与在瓜皮和腐烂的西红柿上开出黑色花朵的针霉菌同一个分支。我们在任何我们想看的地方都能找到这些微生物。

本森(Benson)是一个英国村庄,位于泰晤士河和一条白垩溪的交汇处,该白垩溪是从邻村冒泡的泉水中流出的。公元9世纪的《盎格鲁-撒克逊编年史》(*Anglo-Saxon Chronicle*)中提到了779年在本森发生的一场战斗,古英语中使用了Benesingtun这个名字,后来变成了Bensington,再后来又变成了Benson。这个村庄的名字与我们这本书有关,因为它在1986年被拉丁化,用来描述一种名为纤细本森顿酵母(*Bensingtonia ciliata*)的新型酵母。[2]这种真菌出芽时看起来很像酿酒酵母,但显微镜照片表明它跟酿酒酵母完全不同。纤细本森顿酵母与攻击小麦作物的铁锈真菌的亲缘关系比与酿酒酵母的亲缘关系更近,并且在生活方式上与糖真菌没有任何共同之处。

本森顿酵母是由著名真菌学家塞西尔·英戈尔德(Cecil Terence Ingold)发现的,他在20世纪70年代退休后搬到本森,并在接下来的20年里继续在家中实验室对真菌进行研究。[3]英戈尔德发现,他的酵母生长在名为厚质木耳(*Auricularia auricula-judae*)的胶质真菌的新鲜组织上,这种木耳也叫黑木耳。木耳是一种棕色胶质真菌,被认为是生长在石炭纪末期的最早蘑菇种类的现代代表。它是真菌界的腔棘鱼,是活化石。[4]

本森顿酵母生长在光滑的木耳表面,通过食用这种木耳的凝胶质地的黏液来勉强维持生计,并通过空气传播孢子进行繁殖。本森顿酵母使用的自推进飞行机制是自然工程的奇迹,也是微生物世界的奇迹之一。它先在一个小突起上以芽的形式产生一个逃逸模块,该小突起指向酵母菌落所在的表面上方。在发射前一两秒,一颗微小的水滴从芽也就是孢子的底部膨胀,就像一滴露水,然后与孢子的侧面接触,并在孢子表面突然塌陷。这种运动会导致质量在一瞬间发生变化,从而

推动孢子向空中做短途跳跃,其高度足以让孢子在最轻微的微风中被
卷走。

　　当用显微镜观察本森顿酵母菌落时,如果人们操作够快,就可以看
到孢子和它们的水滴,但几乎一聚焦就消失了。菌落的表面似乎在闪
烁,一滴,没了;又一滴,又没了……就这样乒乓作响地跨越酵母菌落的
表面。如果酵母以可识别的模式培养,比如用接种环在琼脂培养基上
画十字或字母,那么在培养基盖上会复制有酵母细胞的镜像(图16)。
这个小小的真菌用孢子在天花板上喷涂。这种行为在"镜像酵母"这个
叫法中得到了体现,比如纤细本森顿酵母,它们就具有这种传播孢子的
弹射器机制。[5]

　　有趣的巧合是,我在本森度过了童年,住在塞西尔·英戈尔德和他
妻子诺拉(Nora)的房子所在街道的另外一头。就我青春期的大脑而

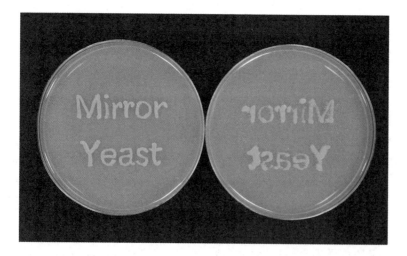

图16　镜像酵母掷孢酵母属(Sporobolomyces)的鲑鱼粉色菌落的镜像图
　　片。用精细油漆刷在琼脂培养基上接种镜像酵母(左),并将其开放式地倒置
　　于另一块新鲜琼脂培养基(右)上方,左边培养的酵母从琼脂培养基表面排出
　　孢子,孢子降落到下方的琼脂培养基上(右),通过出芽繁殖,生成新的酵母菌
　　落,形成相应的镜像字母

言,他淹没在其他上了年纪的村民中,对我来说是一个无关紧要的人。这个故事的奇怪之处在于,在我开始在大学真菌学实验室实习之前,我对英戈尔德的职业一无所知。当我偶然看到他的一本书,并从书的封底看到作者住在牛津郡的本森时,我才恍然大悟。此后,我们成了朋友,当我拜访父母时,我们在树林里散步,这位退休教授成了我的导师。虽然从逻辑上讲,这种关系引发了我对科学的浓厚兴趣,但实际上我对科学的兴趣至少在我们见面前一年就开始了。想象一下,一个十几岁的孩子离开家,成为一名专业的走钢丝者,然后得知他儿时的邻居是一位世界著名的杂技演员,而这个乡村的常住人口不到5000人,你就会明白我传记中这事件是多么不可思议。[6]

关于酵母这方面的故事,值得一提的另一个人物是痴迷于镜像酵母的布勒(Arthur Henry Reginald Buller)。他研究了一种名为粉红掷孢酵母(*Sporobolomyces roseus*)的真菌——以其玫瑰红的颜色命名,并详细探索了其孢子传播机制。跟本森顿酵母一样,掷孢酵母的孢子也是利用水滴运动跳到空气中。他还研究了粉红掷孢酵母的出芽过程,并跟踪了每个子细胞发育过程中细胞核的分裂和运动。他在一首诗《孢子菌学家》中表达了他对真菌的热爱,他为这首诗配乐,并在圣诞派对上表演。一个诗节就足以表明他对真菌的热爱:

也许在天堂,天使所在之处,

他的酵母思想将得到永恒:

他是一个热情的

孢子菌学家! [7]

作为在温尼伯的马尼托巴大学科学系的创始成员,布勒是一位杰出的科学家,他对真菌研究的推动是历史上其他真菌学家所无法比拟的,他带领该领域从以收集和命名物种为主的描述性工作进入严谨的实验时代。他对孢子菌的研究只是他对真菌学巨大贡献的一小部分。1930年,他的名字很荣幸地被用来命名了镜像酵母的一个新属,即布勒酵母(Bullera)。不出意外的,他的回应很诗意,用了一首简短的小曲,开头是:

> 哦,布勒,以我命名的酵母属,
>
> 你脸色苍白,不含任何色素;[8]

他的学生们称他为"雷吉叔叔"(Uncle Reggie)*,他知道自己的大部分诗歌都是打油诗,他喜欢真实的东西。在患脑瘤垂危之际,他通过阅读弥尔顿的书来安慰自己,同时为自己无法完成另一代表作——名为《真菌研究》(Researches on Fungi)的系列丛书而感到沮丧。[9]

早在通过DNA分析探索镜像酵母家谱之前,布勒对其孢子上水滴形成的观察就表明它们与担子菌类群的真菌有亲缘关系。这是从弹射器机制是担子菌群的一个独特特征这一事实推断出来的,担子菌包括蘑菇、支架真菌、胶质真菌,以及能杀死植物的寄生真菌:锈菌和黑粉菌。布勒从来没有见过孢子在跳跃,因为它们的移动速度比跳蚤还快。前一刻孢子还静止不动,一滴水紧贴着它们的表面,下一刻它们就从显微镜视野中消失了。直到一个世纪后,当高速摄像机以每秒10万帧的速度运行时,水滴在孢子表面的运动和几乎同时发生的孢子发射才被揭示。[10]

跳跃孢子仅限于被视为蘑菇远亲的酵母。在酿酒酵母的子囊菌亲戚中,没有谁能做出这种体操般的展示,尽管有些酵母也在真菌树的这一分支上进化出了其他种类的壮观孢子。一种名为梅奇(Metschnikowia)的酵母以出生于俄国的研究人员梅奇尼科夫(Élie Metchnikoff)的名

---

* 布勒中间名Reginald的昵称是Reggie。——译者

字命名,他在19世纪80年代发现了这种酵母,产生的孢子带有倒钩尖刺,看起来像蜜蜂刺(图17)。[11]这种孢子比该真菌的出芽细胞长50倍,该真菌为了容纳这种孢子,长出了一个像鱼雷管一样的延伸部分。这些针状孢子是子囊孢子,在交配后产生,就像糖真菌的a细胞和α细胞交配后形成圆形细胞一样。

梅奇酵母正是利用这些"飞镖"感染为牵牛花授粉的小甲虫。对于一种不能像镜像酵母一样自行进行空气传播的真菌来说,通过进入昆虫体内搭便车是一个很好的策略,就像我们在糖真菌中看到的那样。

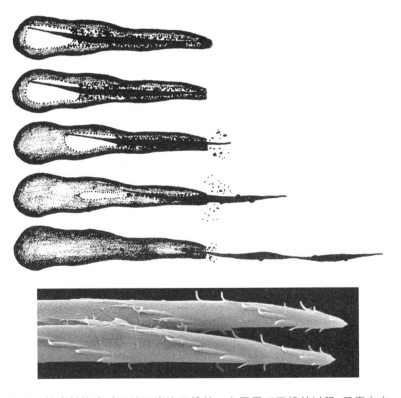

图17 捕食性梅奇酵母的子囊孢子排放。上图展示了排放过程:子囊上末端溶解,为子囊孢子的释放做准备(比较第一张和第二张小图),然后强行排出一对针状孢子。下图展示了用扫描电子显微镜观察时,孢子的倒钩尖端是显而易见的

生长在花蜜中的梅奇酵母会被甲虫吞噬,它们到达甲虫的肠道后能刺穿肠膜,并用倒刺将自己紧紧固定住,最后从甲虫的管中射出。[12]这使得梅奇酵母能够在昆虫造访的每一朵花中繁殖和脱落子细胞。

除了在花朵和授粉昆虫中发现梅奇酵母外,在咸水湖中的盐水虾体内,以及在淡水湖、池塘、溪流、河流、水坑和水桶中游泳的水蚤体内,也有梅奇酵母寄生。[13]一种名为大型溞(Daphnia magna)的水蚤被用作鱼缸中的食物,它受到一种名为二尖梅奇酵母(Metschnikowia bicuspidata)的凶猛食肉酵母的烦扰。梅奇尼科夫认识到,水蚤是研究感染过程的绝佳生物,因为它的外壳或外骨骼是透明的,这使他能够用显微镜观察它体内发生的事情。当观察到从水族馆捕捞的水蚤体内充满了"大量真菌细胞"时,他偶然发现了酵母。[14]

通过仔细观察,梅奇尼科夫发现,酵母孢子刺穿水蚤的肠壁,滑入水蚤周身的体腔或血腔。接下来发生的事情让他大吃一惊:水蚤这一甲壳动物的血细胞向入侵的孢子移动,粘在孢子表面,一点一点地吞噬孢子,针头大小的碎片最后转化成血细胞自身的物质。梅奇尼科夫发现了吞噬作用,这是先天免疫或细胞免疫的基本防御反应之一。他在1884年的一篇题为《论水蚤的出芽真菌病——对吞噬细胞对抗病原体学说的贡献》(Über eine Sprosspilzkrankheit der Daphnien: Beitrag zur Lehre über den Kampf der Phagocyten gegen Krankheitserreger)的论文中描述了自己的工作。梅奇尼科夫个性偏激。他先是用吗啡自杀,然后又给自己注射了一种导致回归热的细菌,然而,他活了下来,从事科研工作,其间不时与同行产生尖刻的分歧。[15]

由于在吞噬作用方面的工作,梅奇尼科夫和埃尔利希(Paul Ehrlich)于1908年被授予诺贝尔奖,埃尔利希发现了免疫系统中的适应性免疫依赖于抗体而非吞噬细胞。[16]如今,人们仍然对梅奇酵母感染水蚤充满兴趣,这种疾病是进化生物学家的实验模型。20世纪70年代发展起来的红皇后假说指的是捕食者与猎物之间的"军备竞赛",在这场竞赛中,捕食者越来越坚定的捕食决心推动了猎物的防御往更好的方向进化。为了生存,宿主需要不断适应。在卡罗尔(Lewis Carroll)的《爱丽丝镜中奇遇记》(*Through the Looking-Glass*)中,红皇后非常清楚地描述了这种充满挑战性的环境,她对爱丽丝说:"在这儿,要保持原地不动,你得跑得飞快。"[17]无论你是捕食者还是猎物,不适应就等于饥饿和灭绝。生命被困在这恐怖的车轮里,滚滚向前。

梅奇酵母像野火一样在水蚤种群中传播,杀死了这种处于觅食高峰期的浮游动物。有趣的是,在感染酵母后,摄食充足的水蚤比饥饿水蚤死得更快。[18]酵母在刺破肥胖水蚤的肠道时会变得狂暴。在肥胖水蚤储存的脂肪液滴的包围下,真菌迅猛地出芽繁殖,充满宿主的体腔。当生病的水蚤裂解时,它会向水中释放数以万计的针状梅奇酵母孢子,像桶式炸弹一样击中浮游生物,周围的水蚤完全无法躲过这种攻击。

对酵母感染的抵抗依赖于吞噬作用,但这些防御措施的有效性是有限的。从进化的角度来看,水蚤通过碰运气和等待疫情结束的成本可能更低。有些时候,水蚤是无性繁殖的,因此种群中的许多个体携带完全相同的基因组。因此,虽然酵母感染导致的死亡会摧毁水蚤个体,但水蚤基因可能会通过数百万其他成功跳脱感染的克隆进行传播。这意味着,对动物来说,相比较于进化出更精细的免疫防御,投资于摄食、生长和繁殖更有意义。通过这种方式,存活的水蚤可以在酵母因缺乏足够的猎物而灭绝后重新启动它们的种群。

捕食者也会谨慎行事。如果梅奇酵母的攻击性太强,它会在传播到湖泊其他地区之前杀死所有可用的宿主,从而限制自身生存机会。传播是至关重要的,因为这是找到新的水蚤群的唯一方法,水蚤群肆无忌惮地四处游动,对即将到来的危险一无所知。对捕食者来说,最成功的策略是在不急剧减少宿主数量的情况下感染宿主。

梅奇酵母是众多具有捕食者功能的酵母之一。当与其他酵母物种共培养时,这些嗜杀酵母隐藏的杀手本能就会显现出来。在最明显的对抗中,一种酵母菌株会粘在另一种菌株上,前者强使摄食管穿透后者的细胞壁,吸出后者的细胞质汁液。[19]生活在树伤口渗出的黏性树液中的复膜孢酵母(Saccharomycopsis)和假丝酵母(Candida)具有特别强的攻击性,当它们与糖真菌一起生长时,可以杀死整个糖真菌种群。一些酵母菌株非但不是这些捕食性酵母的不幸受害者,反而可以通过释放毒素来阻止竞争对手。这些毒素的作用是破坏敌方物种的细胞壁,使其细胞膜破损、内容物泄漏,从而抑制DNA合成,阻止出芽繁殖。[20]这些致命的酵母毒素有三个来源。有些毒素是由病毒携带的基因编码的,这些病毒在酵母交配过程中从一个酵母细胞传播到另一个酵母细胞;有些毒素是由质粒(携带信息的环状DNA)所编码;还有些毒素由酵母自身染色体上的基因所编码。

基于病毒的毒素合成系统非常复杂,涉及两种病毒,其中一种病毒携带传播毒素基因,另一种病毒起到确保毒素在酵母细胞中产生和分泌的辅助作用。为了防止嗜杀酵母的自我破坏,毒素的形成和释放赋予宿主细胞对所释放毒素的免疫力。如果没有这个防护罩,宿主酵母细胞在分泌毒素时就会被杀死,而携带的病毒将没有机会进行传播。这一切必须像瑞士手表一样精准地进行。由此产生的合作关系对病毒及其酵母来说都是双赢的:病毒通过酵母种群传播,而酵母从击败竞争对手中受益。根据自然界无情的逻辑,重要的是基因在空间和时间中的传播。

毒素的释放有赖于无处不在的蛋白质组装和分泌的细胞机制。通过对嗜杀酵母的研究,科学家梳理出了细胞的一些基本工作原理。这些化学武器在病毒和酵母细胞内的反复进化,以及用摄食管进行物理攻击的过程,说明了混合生长的不同酵母种群之间存在着永久性的斗争。在棕榈汁和葡萄汁的天然发酵中,特定酵母的成功取决于它们应对不断变化的环境条件的能力。酿酒酵母的酒精耐受性使它成为大多数天然啤酒酵母的冠军,但病毒毒素的表达进一步为优势菌株提供了比竞争对手更大的优势。食品和饮料行业的研究人员对嗜杀酵母的兴趣,是可以理解的,[21]因为自然界中发现的最微小的竞争优势可能会让一切变得不同。葡萄酒酿酒者和啤酒酿酒者,就像他们的酵母一样,在很大程度上依赖于真菌之间的自相残杀。人们对酵母毒素感兴趣的另一个原因是,人们致力于开发能治疗人类感染的新型抗真菌药物。

梅奇酵母因为有着能刺穿肠道的"鱼叉",成为成千上万种酵母中引人注目的那一种,大部分的酵母只会通过出芽繁殖,或交配后在较大的细胞中形成小的孢子,引不起人们的兴趣。甚至梅奇酵母也是一种单调的真菌斑点,直到其射向水蚤的飞镖尖端的倒钩通过电子显微镜放大被发现。酵母的微小和千篇一律是它们较少受到古典真菌学家关注的原因之一。丝状真菌种类繁多,即使是通过最粗糙的显微镜观察,其形状和发育过程也更为有趣,更能引起人们的注意。另一方面,双足囊菌(*Dipolascus*),酵母狂欢节中最炫耀的表演者,是一种能激发最疲惫微生物学家想象力的真菌。

双足囊菌属真菌是我爱上的第一种真菌。我们是由我最有趣的教授马德林(Mike Madelin)介绍相识的,他对在黏菌留下的奶油状痕迹中生长的真菌感兴趣。[22](我们不都是吗?)黏菌与变形虫的亲缘关系比与真菌更为密切。它们会形成一层闪闪发光的膜,称为浆体,浆体在腐烂的木头上迁移,并留下黏液。一个独特的小宇宙在这个没有希望的栖息地诞生,就像它在地球上的每一口食物中存在一样。无论在哪里,我们都能找到生命,而有生命的地方就有酵母。马德林描述了一个他称之为大孔双足囊菌(*Dipodascus macrosporus*)的新物种,让我研究它是如何繁殖的。作为一名急于做真正研究的本科生,这似乎相当于在英国皇家海军"贝格尔号"上获得了船上博物学家的职位。[23]

双足囊菌的交配与其他酵母的交配不同。两个细胞接触后,其中一个细胞像精子一样工作,将细胞核注入另一个细胞,在那里受精。随后的发育是惊人的,受精细胞延伸成一个刺突,刺向空中。在这个圆柱形的子囊中形成了多达32个孢子,每个孢子都有一层凝胶状的外壳(图18)。从某种程度上来说,高潮发生在刺突的尖端发生断裂,孢子向上缓慢渗出并聚集成一团的过程中。子囊破裂的尖端比较窄,所以孢子果冻状的外壳在离开尖端时会被挤压。子囊中液体压力迫使孢子穿过尖端口。暴露在外的黏性孢子球的形成可能有助于昆虫的传播,昆虫可以将下一代真菌带到新鲜的土壤里,在土里经过的黏菌会留下痕迹。

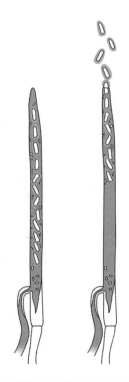

图18 双足囊菌属酵母从细长子囊中排出孢子

一种名为Dipodascopsis的酵母有瓶状子囊,使得该属酵母的孢子释放存在机械问题。这些真菌的豆状孢子缺乏荚膜,如果同时将一对孢子推到子囊开口处,就会堵塞开口;侧弯的孢子也会堵塞"产道"。瓶子里的干豆子也会像这样卡住出不来,直到摇晃瓶子使得这些干豆子一次一个地通过瓶颈。Dipodascopsis通过给孢子配备互锁的脊纹,将孢子转化为微小的齿轮,解决了这个问题。当孢子向开口前进时,它们相互旋转,从而保持纵向对齐,并一次一个地从子囊中旋出。实验发现,真菌用一种油性物质润滑孢子,来增强孢子"齿轮"的平行性。[24]

双足囊菌和Dipodascopsis的出芽细胞是粘连在一起的,而不是像发酵啤酒中的酿酒酵母那样是分开的,因此它们产生的细胞群类似于有互连垫的盆栽仙人掌。它们也可以从这种出芽生长形式转变成细长细胞生长形式,即形成丝状真菌所特有的菌丝。许多酵母会停止长得像酵母,在它们发现这样子有利的时候。[25]这种发展过程中的根本性转变被称为二态性。它是许多酵母的生理活动的关键因素,因为菌丝的形成使它们能够逃离液体中的悬浮状态并穿透固体表面。这种细胞形态的转变使致病酵母能够侵入血管壁或其他组织屏障(见第七章)。

真菌发育的可塑性在达尔文时代被夏尔·蒂拉纳(Charles Tulasne)和路易-勒内·蒂拉纳(Louis-René Tulasne)两兄弟发现,他们是虔诚的天主教徒,为了上帝的荣耀而进行科研工作。在他们的三卷本巨著《选择真菌果实学(1861—1865)》[Selecta Fungorum Carpologia (1861—1865)]中发表的显微镜真菌插图是科学史上最美丽的插图之一(图19)。[26]在这项轰动性的工作中,他们证明了单一物种的真菌在其生命周期中可以以两种或多种不同的形式生长。这一发现证明一些真菌实际上已经被描述了两次,并被赋予单独的拉丁名称,由此颠覆了现有的分类学秩序。

真菌学一直受到这个问题的困扰,分类学家正在努力从记录中删

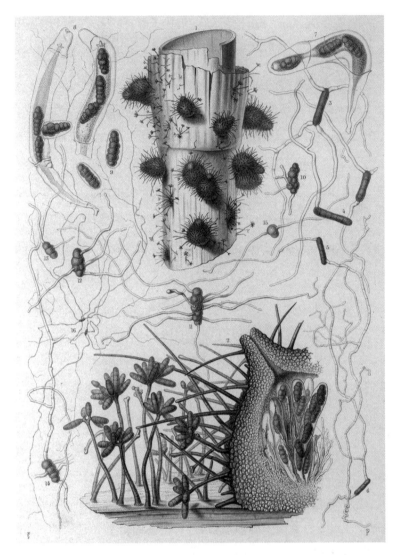

图 19　子囊菌多毛核腔菌（*Pyrenophora polytricha*）的迷人插图。由有真菌界奥杜邦（Audubon）之称的夏尔·蒂拉纳绘制

除重复的名称。真菌分类学领域的一些超级明星——很难想象会有一个如此模糊的名人名单——犯下这些错误，因为他们无法知晓真菌能在多大程度上改变它们的形态。人不会变成鸟或鱼，但真菌的各种生命周期可以与耶罗尼米斯·博斯（Hieronymus Bosch）画作中的幻想变形

相媲美。真菌命名中一个更大的问题是,真菌学家试图根据18世纪为动植物制定的规则对真菌进行分类。给每一种真菌取拉丁名字或代号,有助于不同的研究人员确保他们谈论的是同一种微生物,但仅仅因为有人给一株真菌命了个名并不意味着这个名字指的是一个明确清晰的物种。[27]

命名问题适用于所有真菌,但如此多的物种以单细胞形式生长,而不是形成菌落,这使得它们成为对分类学家而言特别棘手的群体。分子方法的使用对这些专家来说是福音,因为利用DNA序列的不同能有效区分显微镜下看起来完全相同的酵母。然而,这并不意味着命名问题可以很容易地得到解决,因为没有可靠的方法来检测一对酵母之间的遗传差异,用以表明它们是不同的物种,而不是同一物种的不同菌株。研究人员经常将两个真菌的内部转录间隔区(ITS)这一特定DNA序列中核苷酸差异达到3%,作为二者是不同物种的标准。真菌学家认识到,采用神奇的百分比有很多局限性,因此酵母研究人员特别严谨地使用多个标准来区分物种。[28]各种测试包括:将不同的酵母的DNA双螺旋的双链分离即"解链",并测量它们的重组程度。这被称为DNA杂交:有效结合表明两者存在很近的遗传亲缘关系,松散的合并则发生在不同的物种之间。通过培养实验检测营养需求是物种鉴定的另一个信息来源。[29]

分子遗传学技术改变了酵母生态学,也影响了酵母分类学。几十年来,我们一直知道,酵母到处都是,但对土壤、水、植物组织和动物肠道内容物样本中酵母DNA的鉴定揭示了这些真菌惊人的分布范围和多样性。采用所谓的宏基因组方法,研究人员可以从一瓶河水的所有生物体中扩增DNA,并通过在线数据库查找匹配项来筛选鉴定属于酵母的序列。

据估计,地球上有一千万亿(10^{15})个酵母细胞生活在河流中,10^{17}个生长在湖泊中,10^{21}个沐浴在大海中。[30] 叶子表面是酵母的另一个流行栖息地,可能拥有与海洋一样多的出芽细胞。地球是一个非常酵母化的星球。在全球范围内,有一些常见的酵母物种对各种环境条件都很满意,还有一些稀有酵母活得更精致一些。汉逊德巴利酵母(*Debaryomyces hansenii*)是一种普遍存在的真菌。它生长在土壤、树叶和海洋栖息地,并存在于奶酪、香肠和马肉馅饼中(解决了午餐不能吃什么的问题)。在"匈牙利一只受感染的手"和另外一具尸体的指甲上,也发现过德巴利酵母属真菌。[31] 点滴复膜酵母(*Cyniclomyces guttulatus*)非常挑剔,它很难被找到,因为它生长在龙猫的胃里。[32]

考虑到酵母对含糖液体的偏好,海洋似乎不太可能是酵母的家园,而且它们确实不会在溶解性营养物质稀缺的远海海域繁殖。[33] 然而,在河口和沿海水域,酵母在海藻上生长良好,并利用河口流出的营养物质大量繁殖。它们还通过寄生于鱼类和海洋哺乳动物的内脏,穿越如葡萄酒般暗红的海洋。尽管海洋酵母数量众多,但它们是一个被低估的部落,被光合浮游生物所掩盖,这些浮游生物为龙虾、鱼类、海象和鲸的食物网提供能量。与大多数林业工作者对真菌不感兴趣一样,海洋学家也对它们不屑一顾。我们看到鱼,却忽视了为海洋施肥的酵母,就像我们欣赏陆地上的树木,却看不到维持它们生长的蘑菇群落一样。

除了上述的德巴利酵母外,全球分布的海洋酵母还包括另一类被称为红酵母(*Rhodotorula*)的常见真菌,以及假丝酵母和隐球菌(*Cryptococcus*)酵母,它们的陆生亲属能寄生在人体内,导致包括脑感染在内的严重疾病。海洋酵母生长在水中悬浮的食物颗粒上,吸收溶解在水中的营养物质。当有氧气可用时,它们会使用氧气;当氧气含量下降时,它们就会转向发酵。作为分解者,在沿海城市周围污染水域,它们数量最多,执行着降解滚滚入海的人类废弃物的基本任务。梅奇酵母也出现在许多水体中,通常出现在甲壳类动物和鱼类体内,用它的"鱼叉"在这些动物中进行循环。

离陆地越远,海洋中的酵母密度就越低,但人们曾从太平洋中部4千米深处的水样本中检测到酵母。对从"泰坦尼克号"和德国战舰"俾斯麦号"残骸附近的大西洋深处采集的DNA进行测序,发现酵母比丝状真菌更常见。[34]这可能与营养物质在水中的分散以及易于菌丝定植的固体食物颗粒的稀有有关。酵母也会出现在深海泥浆以及日本水域的黑岛海丘等令人生畏的环境中,那里的甲烷和硫化氢气体从石灰岩海底的裂缝中冒出。[35]

细菌和古菌——更简单的原核生物——是极端环境中的生存冠军,极端环境是允许生命存在的最恶劣条件。微生物的狂妄令人惊叹:一种来自热液喷口的古菌能在沸水中生长,并在沸水"冷却"到90 ℃时停止生长;一种细菌生活在腐蚀性与电池酸一样强的温泉中;有一种细菌拥有4个基因组拷贝,用于防止电离辐射对其基因组的破坏。[36]真核生物有着更复杂的细胞结构,细胞核内有多条染色体,酵母虽然从来没有细菌那么顽强,但对真核生物而言足够强韧。人们经常能在恶劣的环境中发现细胞壁上充满黑色素的黑酵母。它们生活在岩石表面和缝隙中,可以应对强烈的紫外线辐射和水资源稀缺。它们甚至在乌克兰切尔诺贝利核电站被毁反应堆的混凝土石棺内的墙上挂上了彩旗。

有一些酵母是最耐热的真核生物,从韩国土壤中分离得到的嗜热假丝酵母(*Candide thermophila*)能够在50 ℃下生长。[37]而在低温条件下,酵母是少数能够应对冷水的真核生物之一。冰川融化流出的冰水中生长着大量的酵母。[38]冰川水可以携带大量营养物质,如果人们想到瓶装水的广告,就会感到惊讶,因为这些广告显示的是从白雪皑皑的山脉中潺潺流过清澈的溪流。事实上,冰川融水通常混有基岩侵蚀产生的"冰川奶",并注入了冰川融化时释放出的来自土壤、植物和微生物的有机物。随着冰川的融化,这些古老的有机物涌入冰水沉积物,为酵母提供食物。当成群的酵母分解这些丰富的营养物时,它们正在释放储存了数千年的碳。冰川中也含有休眠了数千年的微生物。位于意大利亚平宁山脉卡尔德隆冰川是欧洲最南端的冰川,其冰芯中冰封着成群的酵母,这些酵母时刻为结束监禁准备着。[39]冰川学家预测这些冰将在2020年前融化掉*,因此这些真菌将不会等太久。

永久冻土是古老酵母仅存的另一个地方,尽管糖真菌不是其中之一。俄罗斯科学家已经从300万年前上新世时期形成的西伯利亚永久冻土的冰芯中复活了这些微生物,当时全球降温盛行,冰盖在南北两极扩张。[40]人们从这些冰芯内部分离培养出了红酵母和隐球菌,以及一些丝状真菌。它们的基因与当代亲属的DNA序列完美匹配。300万年对这些真菌来说只是打了一个盹,对它们活跃的后代来说时间太短,无法进行重大的进化创新。

喜马拉雅山脉、安第斯山脉和南极洲的岩石为酵母提供了另一些不太可能的栖息地,但在这些地方采集的样本,都可以发现各种隐球菌和红酵母。[41]在同一地区,寒冷的土壤中处处都有酵母。人造栖息地也吸引着酵母,在斯洛文尼亚,人们通过深入研究,在洗衣机内部发现了常见的酵母。[42]室内空气中也充满了酵母。[43]一些是由液滴飞沫携带的,另一些附着在灰尘颗粒上飘浮着,镜像酵母借助水滴将孢子喷射到空气中。室外空气中含有丰富的酵母细胞。虽然雾气能非常有效地移动它们,但不管空气潮湿或干燥,它们总是在天空中,在平流层中循环,飘浮在18—27千米的高度。[44]

最近的研究表明,镜像酵母在地球运转中的重要性可能超乎人们的想象。云层中水运动的动力学非常复杂,且关于通过水蒸气凝结形成雨滴的早期阶段,有很多问题没有得到解答。雨云研究技术非常复

---

* 目前冰川还未完全消失。——译者

杂,包括使用飞入云层的飞机上携带的激光成像仪器。空气中固体颗粒的存在促进了冷凝,真菌孢子为吸引水分子提供了巨大的总表面积。每年有超过5000万吨的真菌孢子散布到大气中,相当于地球表面每平方米有100万个孢子。这些孢子提供的总表面积为3100万平方千米,与非洲的陆地面积相同。[45]

这种看不见的孢子薄雾大约有一半来自蘑菇和镜像酵母,它们利用液滴机制将孢子传播到空气中。其余的来自丝状真菌,它们利用静水压力将孢子喷向天空。只需取走含有新鲜培养基的培养皿的盖子,将培养基放在窗台上几分钟,然后将培养皿放入培养箱孵育,就可以从室外和室内空气中分离出镜像酵母。镜像酵母菌落以及细菌和丝状真菌的菌落总是会在一两天内出现,这表明它们是大气中的主要宿主。

任何粒子都可以促进云层中的水凝结,但使用特殊显微镜进行的实验表明,担子菌的孢子对这一过程有着异常大的影响。[46] 这种仪器被称为环境扫描电子显微镜,可以精确控制孢子样本周围空气的温度和湿度。当孢子暴露在乌云中普遍存在的高湿度下时,大水滴会像气球膨胀一样在孢子表面生长。孢子似乎在制造自己的雨滴。对这种现象的解释是,孢子分散后,推动孢子发射的液滴形成机制可以重新被激活。这一过程的细节表明,真菌孢子,包括镜像酵母产生的孢子,可能会促进雨滴的产生。本森顿酵母、掷孢酵母及其真菌同伙可能是造雨者,它们在我们赖以生存的森林和草原的健康中发挥着巨大作用。

布勒没想到他关于跳跃孢子的实验会与天气预报联系起来。找到这样的联系是科学生活的乐趣之一,缓冲了有时看似徒劳的实验室工作带来的挫败感。当然,有大量研究显然是徒劳的,但是在项目启动之初很难预测到这一点。三位诺贝尔奖获得者可能会同意这一结论。他们在20世纪70年代和80年代有关细胞分裂调控的工作涉及酿酒酵母和另一种酵母——粟酒裂殖酵母(*Schizosaccharomyces pombe*)(图20)。[47]

图20 粟酒裂殖酵母的扫描电子显微镜图像

20世纪70年代,哈特韦尔发现了对细胞分裂至关重要的细胞分裂周期(cell division cycle,CDC)基因;亨特描述了一种名为细胞周期蛋白的蛋白质,它是在细胞分裂之前脉冲式产生的;纳斯鉴定了一类名为激酶的酶,这类酶似乎能被细胞周期蛋白激活。哈特韦尔用酿酒酵母进行研究工作,亨特研究海胆蛋,纳斯采用粟酒裂殖酵母作为他的实验生物。具有分裂缺陷的粟酒裂殖酵母突变菌株将这些相关的研究工作整合在一起:CDC基因编码蛋白激酶,蛋白激酶被细胞周期蛋白激活,被激活的激酶引导细胞完成分裂过程。他们于2001年被授予诺贝尔生理学或医学奖。[48]哈特韦尔还阐明了确保细胞正常分裂的细胞周期检查点;亨特进一步证明了细胞周期蛋白是由脊椎动物产生的;李(Melanie Lee)与纳斯合作,在人类中发现了细胞周期蛋白依赖性激酶。

在从酵母到人类的所有真核生物中,细胞周期蛋白激活的蛋白激酶通过各种各样的方式来编排细胞周期。当这种生物化学过程受到干扰时,细胞可以无限分裂,其后果可能是灾难性的:不受控制的细胞分裂在人类等动物中会导致肿瘤产生。科学事业的批评者可能会被鼓励贬低有关海胆和真菌的科学研究,他们应该对自己这种无知的行为加以约束,应该表现为更加谨慎。任何患上肿瘤的人,无论他们的政治信仰如何,都可能会重新考虑投资研究这些低等生物的好处。细胞周期蛋白依赖性激酶的发现推动了对调控细胞分裂药物的研究,为开发癌症治疗新方法进行的临床试验也随之而来。

除了都是单细胞生物,粟酒裂殖酵母和酿酒酵母之间几乎没有任何相似之处。对于两者的关系,苹果和橘子之间的关系没有任何可比之处,苹果和松子提供了更好的可比性,因为苹果属和松树属于至少三亿年前分离的植物群,这可能与包含有这些酵母的真菌种类的进化时间接近。[49] 然而,这两种酵母之间鸿沟的产生时间有很多不确定性,一些基因对比分析表明,它们的共同祖先可能是一种生活在10多亿年前的真菌。这虽然说明用于确定微生物年代的分子钟很容易出错,但给我们留下了一个无可争议的事实,即粟酒裂殖酵母和酿酒酵母是截然不同的东西。

裂殖酵母(Schizosaccharomyces)这个名字来源于其细胞分裂机制。没有出芽过程,就意味着我们无法识别母细胞和她的女儿。裂殖酵母通过将细胞拉长成圆柱体,并从中间将圆柱体整齐地切成两半,来制造更多的细胞。其拉丁文属名中的 Schizo 来自希腊语 skhizo-,意思是分裂。因此,该物种是分裂的糖真菌。pombe 是斯瓦希里语中啤酒的意思,当裂殖酵母在19世纪90年代在东非从小米啤酒中被分离出来时,pombe 就被用来称呼裂殖酵母。裂殖酵母利用与酿酒酵母相同的代谢途径将糖发酵成酒精,但在啤酒和葡萄酒酿造中,它不是糖真菌的对手。即使在谷物啤酒的自然发酵中,与生产大部分酒精的酿酒酵母相比,它也只是一个小角色。[50]有人试图使用裂殖酵母发酵葡萄泥,以实现更可控的二次发酵,但结果表明,酿酒酵母轻松获胜。事实上,裂殖酵母会通过引入"非特征"破坏葡萄酒的风味。

裂殖酵母确实有一个让酿酒师兴奋的代谢派对技巧:将苹果酸转化为乙醇。在商业酿酒中,细菌被用来降低葡萄酒的酸度。这做法并不完美,因为细菌本身也会引入不愉快的味道。裂殖酵母已经被用来取代这种细菌,一家公司在发酵容器中使用了一种装满裂殖酵母的巨型"茶包"。这种配方的美妙之处在于,当达到完美的酸度水平时,尼龙袋及其裂殖酵母可以被去除。

裂殖酵母有三条大染色体,携带的DNA量与酿酒酵母的16条小染色体相同。与糖真菌的6000个基因相比,它的基因约为5000个。[51]与酿酒酵母基因组一样,裂殖酵母中的许多基因在人类基因组中都能找到同源基因。裂殖酵母染色体的结构与哺乳动物染色体相似,有着被描绘成螺旋桨轮毂的大着丝粒,以及由蛋白质堆积而成的被称为端粒的自由端。酿酒酵母染色体的着丝粒很小,末端仅有少量蛋白质。当细胞分裂时,端粒作为将染色体分离的纺锤体的锚。细胞分裂过程是裂殖酵母的另一个特征,与其他酵母常见的独特的真菌出芽过程相比,它与动物细胞分裂机制更相似。

裂殖酵母是发酵流行茶饮料康普茶的几种微生物之一。康普茶被认为对健康有益,包括改善消化、提升情绪和减肥等。其在美国的年销售额达到数亿美元。裂殖酵母、酿酒酵母以及其他酵母与共生的细菌生长在一块位于发酵茶液之上的被称为游动垫的黏糊糊的平板上。游泳池里出现酵母康普茶游动垫比出现大型啮齿动物的残骸或被遗弃的假肢更令人不安,会让游泳者争先恐后地拿起毛巾走掉。裂殖酵母在康普茶调味中的具体作用尚不清楚,即使它被证明与康普茶的修复功能有关,人们也不得不承认,裂殖酵母的名声在于其悠久的生物医学研究历史。

大多数生物学家对酵母知之甚少,专注于细菌和病毒的微生物学家在他们的教科书中对这些真菌的报道很少,甚至真菌学家也更愿意研究蘑菇。酵母酿酒和发面包的功劳被认为是理所当然的,但酵母更大的生命作用很容易被忽视。需要科学知识和相当丰富的想象力才能欣赏这些真菌一天24小时、一个礼拜7天、持续数亿年维持地球的贡献。想象力是揭示小小酵母在宇宙中地球这个"蓝点"上的大大作用的重要组成部分。即使我们用显微镜观察酵母,也很难将这些拥挤的细胞与宇宙中唯一一个我们目前知道有生命的幸福安康的星球联系起来。这些真菌在沉默中、在无形中作用于万物。自我利益驱使人们对生长在我们皮肤表面的众多微生物进行研究,但最受关注的酵母还是那些直接影响我们健康的酵母。

◇ 第七章

愤怒酵母:健康与疾病

大自然的每一份礼物都是有代价的。玫瑰有刺,亲吻会传播病毒,当糖真菌进入我们的血液时,它也会显示出其个性的阴暗面。酿酒酵母是人类的恩人和潜在的救世主,同时也是当我们自然防御能力减弱时能在我们体内繁殖的机会致病微生物。然而,由糖真菌引起的感染或真菌病是非常罕见的。10年内报道的由糖真菌导致的病例不到100例,相比之下,蝴蝶对公众健康的威胁更大。[1]

大多数严重的真菌病都是在我们的免疫系统受损时发生的。艾滋病患者对治疗没有反应,癌症患者的防御能力因放射治疗而减弱,这些人都是最脆弱的人群。酿酒酵母会对受损的免疫系统做出反应,并通过植入重症监护室患者体内的导管,绕过相对完整的免疫系统。在心脏直视手术中,真菌也会进入体腔。这类机会性感染是一种现代现象。被三叉戟刺穿的古罗马角斗士不会存活太久,因此没有酵母感染的困扰。[2]现代医学技术促进了真菌在我们体内的定植。

一旦酵母通过导管进入人体,或固定在替换的人工心脏瓣膜上,只要它能吸收足够的食物,它就会繁殖。酵母在血液中传播,导致类似于细菌败血症引起的脓毒病。"真菌血症"就是指血液中的酵母和其他真菌引起的菌血症。但是,血液对爱好沐浴在葡萄甜汁中的糖真菌来说,只是一种轻微的奖励。它几乎没有为这场斗争做好进化准备。我们之所以知道这一点，是因为从血液样本中分离出的酵母菌株的基因与酿酒用酵母菌株的基因没有区别。³对于一种在酒桶里会更快乐的微生物来说，血液中的出芽繁殖是一种残酷的生存。

真菌血症的诊断可能很困难，因为酵母的存在可能会被潜在疾病的并发症所掩盖，发烧、出汗、恶心和其他流感样症状很常见。由于酿酒酵母在损害人体方面没有进行任何基因投资，而且很少在我们体内生长，因此它对抗真菌药物的标准制剂几乎没有耐药性，在三分之二的病例中能被迅速清除。它作为病原体的另一个缺点是无法将自己埋在固体动物组织中。简而言之，糖真菌是一个糟糕的机会致病菌。

两份已发表的酵母感染临床报告更多地说明了人类的绝望，而非真菌致病的趋势。⁴两份报告都是患者自身造成了酿酒酵母感染。第一个案例发生在20世纪70年代，来自密苏里州哥伦比亚市，涉及一名68岁的男子，他有着不同寻常的饮食习惯。他是一个健康食品爱好者，服用维生素，但每天喝一品脱*伏特加，喝伏特加与他对膳食补充剂的信仰无关。随后，他开始出现流感症状，住进了医院。病史中没有任何东西让医生感到震惊，直到他承认吞下了大量啤酒酵母。临床报告称，他每天进食多达三千克的干酵母，相当于面包制作中使用了数百小袋干酵母。（这份报告中可能有错别字。）要把它洗掉，他需要的远非一品脱伏特加。无论如何，这位先生患上了真菌血症，最初被误诊为细菌感染。当他"被要求停止使用啤酒酵母"后，他的病情有所好转。

第二个案例更奇怪。这起案例涉及中国香港一拘留中心的几名越南难民，他们为自己注射酵母，目的是引起感染，然后被送进医院。其中一名患者是因抽搐入院的十几岁男孩，另一名是休克的妇女，她胸部出现严重脓肿，可能是在注射部位出现。他们一入院就潜逃了。临床

---

* 1品脱约为568毫升。——译者

结果这一栏写着"看见他们跑了"。希望这些受害者能活下来。

人们对酵母感染的担忧与日俱增,因为有报道称,酵母感染与将酵母作为益生菌使用有关,如前面的伏特加饮用者。益生菌是一类微生物,其摄入被认为对健康有益。益生菌酵母以胶囊形式出售,用于治疗各种消化系统疾病,并作为维持健康肠道功能的日常补充剂。这些胶囊含有布拉氏酵母(*Saccharomyces boulardii*)冻干粉,布拉氏酵母很有可能是酿酒酵母的一种菌株,而不是一个单独的物种。[5] 尽管如此,它的表现与用于酿造啤酒和发酵面包的糖真菌菌株截然不同。使用布拉氏酵母作为益生菌与酵母感染之间的联系,不应该使大多数从益生菌中受益的人感到担忧。

1923年,法国微生物学家布拉尔(Henri Boulard)在中南半岛法国殖民地的上游某处发现了益生菌酵母。布拉尔寻找的不是库尔茨(Kurtz),[6] 而是一种可以在温暖气候下发酵葡萄酒的酵母。这个故事有点模糊,但他似乎从荔枝皮(有些说法提到了山竹)中分离出了酵母,当地人咀嚼荔枝皮作为治疗霍乱引起的腹泻的药物。布拉尔可能是在旅行中感染了霍乱,当他在挂着蚊帐的脏床上难受时,他诉诸喝用酵母泡的茶。

今天,我们能在精美的杂志上看到布拉氏胶囊的广告,它是针对肠易激综合征的一种缓解药物。布拉尔将其酵母的专利出售给了一家名为百科达(Biocodex)的法国公司,该公司于20世纪50年代开始生产用作益生菌的布拉氏酵母。百科达保留了原始酵母菌株的专利,并使用商品名Floraster销售该产品。布拉氏酵母的其他配方由酿酒和烘焙行业酵母制造的全球领头羊公司销售,包括乐斯福公司和拉曼公司。

全球益生菌业务已经被糟糕的产品质量和广告商毫无事实依据的说法所破坏。[7] 由于缺乏适用于处方药的政府监管,益生菌胶囊和康普茶等饮料被宣传为治疗从胃部不适到癌症等各种疾病的药物。但在这个伪科学的污水池中,布拉氏酵母浮出水面,因为有令人信服的证据表明它对治疗没有生命威胁的特定疾病有效。[8] 在某些情况下,能够抵抗抗生素的细菌以惊人的速度生长,从而抑制肠道中的其他微生物,并破坏整个消化系统的稳定。艰难梭菌(*Clostridium difficile*)是这些有害细菌中最常见的。它会释放毒素,导致被称为结肠炎的腹胀和严重腹泻。布拉氏酵母通过调节肠道内免疫系统响应来调控这些症状。

市场上的每一种益生菌都声称具有增强免疫的功效,但有意思的是,这些声称都是引用布拉氏酵母相关可控实验结果作为证据支撑。益生菌酵母的治疗也有助于促进健康微生物菌群在结肠炎发作后在肠道中重新定植。[9] 酵母也可用于治疗婴儿腹泻,以及减轻旅行者的痛苦,他们敏感的消化系统被细菌污染的水各种折腾。除了这些疾病之外,证明布拉氏酵母有效性的证据非常有限,但这并不妨碍该胶囊在网上向肠易激综合征、克罗恩病、囊性纤维化和许多其他疾病的患者营销。

益生菌的概念是以研究细胞免疫出名的梅奇尼科夫的创意。[10] 年轻时,他在俄国对一种名为"马奶酒"(kumis 或 koumiss)的饮料产生了兴趣,这种饮料是通过发酵马奶制成的。进行"马奶酒疗法"在19世纪末已经非常流行,俄国专门从事这种疗法的度假村吸引了患有支气管炎、肺结核和其他疾病的人。托尔斯泰(Tolstoy)是早期的爱好者,他相信马奶酒疗法缓解了他的抑郁症。契诃夫(Chekhov)用其治疗肺结核,不过,他死于肺结核,终年44岁。在梅奇尼科夫对水蚤中针对食肉酵母的吞噬作用进行了开创性的研究后,应巴斯德的邀请,他搬到了巴黎的巴斯德研究院。在法国,他开始每天喝酸奶,因为他相信酸奶能促进消化,巴斯德研究院的一位同事向他介绍了保加利亚酸奶(yogurt)。这种凝结的乳制品原本是农民的主食,梅奇尼科夫确信这与农民所谓的长寿有因果关系。他以为自己发现了永葆青春的源泉。

　　1904年,梅奇尼科夫发表了一场名为"老年"的公开演讲,他在演讲中敦促观众避免生食(因为生食被细菌污染),并食用酸奶以减少结肠中有害细菌的影响。这条消息被各家报社报道,并掀起了一股酸奶热潮,宣传其可用于治疗婴儿腹泻、成人消化系统问题和老年人的慢性病。梅奇尼科夫认为人类的寿命可以延长到150年,当他因免疫学工作获得1908年的诺贝尔奖时,市场对酸奶的需求激增。第二年,他死于心力衰竭,享年71岁。

　　一个世纪后,酸奶成为食品行业价值数十亿美元的宠儿,许多最受欢迎的品牌都被作为保健品销售。达能集团旗下名为Activia的畅销酸奶品牌一直被宣称能治疗排便不规律,直到该宣传说法被联邦贸易委员会禁止,并要求其支付数百万美元以解决不满客户的集体诉讼。[11] Activia和其他酸奶是细菌产品,在这些细菌产品发酵过程中,牛奶的酸化会抑制酵母的生长。人们对在发酵后添加益生菌布拉氏酵母以提高制造商所谓的健康有一定兴趣。与用于烘焙和酿造的酵母菌株不同,布拉氏酵母具有很强的耐酸性,所以不久的将来我们可能会收到新一代抗腹泻酸奶的广告。开菲尔酸奶(Kefir)是另一种发酵乳制品,吸引了益生菌投资公司的兴趣。

　　当我们吃得好的时候,结肠中主要是蔬菜的纤维状残留物,没有酿酒酵母的容身之地,因为酿酒酵母对糖如饥似渴。糖真菌并不是我们肠道微生物菌群的主要组成。酿酒酵母的基因通常可在人类粪便中被检测到,但是,将结肠镜检时从肠道黏膜刮下来的物质或粪便样本中提取的碎屑进行培养时,生成的培养物中很少含有酿酒酵母。[12]这表明它以人类所摄入的面包、啤酒和其他发酵食品中死细胞的形式,在人体肠道中循环流通。自从数千年前我们将酿酒酵母作为我们的饮食伴侣以来,它一直在这场葬礼上被推进肠道。当然,数千年在进化史上只不过是一眨眼的工夫,从人类物种诞生之初就生活在我们体内的细菌不得不在短时间内开发出处理这种新型真菌碎片的方法。

丰度最高的肠道细菌之一，多形拟杆菌（*Bacteroides thetaiotaomicron*），专门分解酿酒酵母细胞壁表面甘露聚糖的支链。[13] 它以一种自私自利的方式完成了这项代谢壮举，没有给其他微生物留下任何残渣，而其他微生物似乎都没有学会这一代谢方式。完整的甘露聚糖分子形状像树，如果多形拟杆菌随意剪断这些化学结构以获取单糖，这些单糖就会释放给周围体液中的其他微生物。但是多形拟杆菌以外科手术般的精确性破坏甘露聚糖的分子结构，以至于没有留下任何糖给其他细菌。自私的回报是让这个整洁的食客自己收获了所有的酵母糖聚合物。

在一些医学怪象中，糖真菌的活细胞确实能够在我们的消化系统中生长，这是一件坏事，因为它们会把倒霉的消化系统变成最亲密的家庭啤酒厂。这种现象被称为"肠道发酵综合征"或"自动酿酒综合征"，这种情况甚至比糖真菌感染血液的情况还要罕见。其中一个案例涉及一名得克萨斯州男子，他在少量饮酒或没有饮酒的情况下多次出现严重醉酒。[14] 即使没有彻夜纵酒，他的血液酒精含量通常也会上升到0.3%—0.4%。这足以导致昏迷，再高就会危及生命。在美国、英格兰和威尔士，驾驶员的法定血液酒精含量上限为0.08%，而固定翼飞机驾驶的上限是0.02%。这名得克萨斯州患者被确诊为自动酿酒综合征。酿酒酵母在他的肠道中生长，利用他饮食中的糖进行发酵，产生酒精和二氧化碳。这个可怜人不喝酒也会醉。治疗很简单。经过6周的抗真菌药物治疗，酵母从他的肠道中消失了，他恢复了清醒的生活。

据报道，患有短肠综合征的儿童也出现了类似的症状，短肠综合征是由手术切除肠道受损部分或先天性疾病引起的。这些病例中出现的自动酿酒综合征支持了这样一种观点，即酵母生长是由消化系统异常引起的，而不是酵母生长引起消化系统异常。成年人肠道功能发生类似变化的原因是个谜，但这种情况被用来作为对酒后驾驶指控的辩护。

在大多数情况下,这是一个糟糕的托辞,因为酵母产生的酒精含量非常低,但这种辩解使得2015年纽约一名女性被无罪释放,而她的血液酒精含量是法定上限的4倍。[15] 该综合征对酒精零容忍的国家和宗教有一些有趣的法律和神学意义。[16]

实验表明,当摄入糖时,我们大多数人都会产生少量酒精。[17] 根据这项研究,因肠道酵母发酵而醉酒是人类消化过程的普遍特征的极端表现。由于只有活酵母才能进行发酵,这一结论与从粪便样本中获得的培养物中不存在活的酿酒酵母互相矛盾。对此,有一种解释是,可能存在其他酵母物种将葡萄糖转化为乙醇。这点目前无法确定,因为肠道微生物组,特别是其中的真菌部分,对科学家来说仍然是一片未知的荒野。不管这些微量酒精是如何产生的,这种自体发酵现象让人们想到一些有趣的可能性,包括儿童可能从出生就暴露在酒精中,以及这可能是每个人对鸡尾酒产生不同程度的喜爱的原因。

成年人的酒精耐受性也可能与肠道微生物的变化有关,而肠道微生物菌群带来的每天的酒精含量波动可能会影响我们的警觉性,甚至可能让我们更快乐。我们倾向于将每天的幸福感觉归因于激素、神经递质和积极思维,但肠道酵母的发酵可能也很重要。一个有着阳光灿烂外表和富有感染力笑声的小学生可能是受到她肠道微生物菌群的积极影响。具有能产生愉悦感特性的定制酵母,确实是一种非常有吸引力的益生菌。

虽然这种假设中说的我们消化系统中酵母能产生酒精,可能是一件好事,但酿酒酵母的存在,无论是死的还是活的,还是碎片,都与炎症性肠病(inflammatory bowel diseases,IBD)的发展有关。我们之所以知道这一点,是因为针对酿酒酵母的抗体的形成对克罗恩病的诊断很有用。克罗恩病是炎症性肠病的主要形式之一,其常见症状包括腹痛、腹泻、发烧和体重下降。血液中检测到的抗酿酒酵母抗体可与酵母表面的甘露聚糖发生反应。超过一半的患者带有这种抗体,且这种抗体在不生病的人中很罕见。[18] 这意味着,虽然血液测试遗漏了很多患者,但假阳性率也很低。令人惊讶的是,克罗恩病患者的健康家庭成员也更有可能产生酵母甘露聚糖抗体。这种奇怪的现象或许可以用患者具有罹患该病的遗传倾向来解释,因为患者配偶该抗体检测结果呈阴性。[19] 与其他自身免疫性疾病一样,对克罗恩病的易感性可能是我们进化史上对寄生虫感染产生有利反应的副产物。

抗体与疾病之间的联系尚不清楚。由于克罗恩病患者的肠壁会发炎,所以人们认为,由此导致的保护性黏液衬里变薄会使通常被冲到肠道下游的细菌堆积在受损组织处。通过这些创伤点泄漏的肠道酵母甘露聚糖,可能是诱导抗体形成的原因。抗体的存在并不意味着酵母在炎症性肠病症状的产生中发挥了积极作用。抗体很可能类似于车祸周围的旁观者:就像观众一样,酵母与伤害无关。

麸质敏感性肠病(又称乳糜泻)虽然与克罗恩病有许多相同的症状,但它是一种独特的疾病,由对谷物中麸质(即面筋)的免疫反应导致。醇溶蛋白有三种形式,是麸质中的致病成分,通过无小麦饮食消除它是治疗乳糜泻的最简单方法。乳糜泻是一种自身免疫性疾病,即起吸收食物作用的小肠指状绒毛受到患者免疫系统的攻击。只有不到1%的人患有这种疾病,但当人们认识到从乳糜泻患者的饮食中去除麸质能有效改善症状,在美国引发了食用无麸质面包的热潮。[20] 拥有"营养师"头衔的人认为,现代小麦品种生产的麸质含量高,是饮食毒药。[21] 这一结论缺乏科学证据。

一些研究表明,乳糜泻和克罗恩病一样,与抗酿酒酵母抗体的形成有关,并且在患者将麸质从饮食中排除后,抗体消失。[22] 在类风湿性关节炎、1型糖尿病、系统性红斑狼疮等自身免疫性疾病的患者中,也有同样的抗酿酒酵母抗体被发现的报道。[23] 这些发现可能表明,肠道炎症与针对酿酒酵母的免疫反应之间存在更大的相关性,但目前糖真菌与这些严重疾病之间的因果关系还未被证实。尽管如此,部分营养学家已经忽略了这些不确定性,并将酵母描述为发炎肠道的敌人。

在现代美国,抗腹泻药、泻药和大便柔软剂的销售情况表明,整个社会都痴迷于集体肠道蠕动,或者说缺乏集体肠道蠕动。不可否认,我们因为吃了太多可怕的食物而变得肥胖、患上糖尿病,并对科学事实越来越抗拒,更笼统地说,对生活感到不满。半真半假的话语和彻头彻尾的谎言交织在一起,催生了一个充满错误饮食信息的产业,它鼓励患有克罗恩病和乳糜泻等真正疾病的人,以及只因自己的轻信而生病的人,放弃葡萄酒、啤酒、面包、酱油和其他所有酵母食品。互联网上充斥着关于这个话题的说教,包括已故的克鲁克(William G. Crook)博士所写的《酵母连接——医学突破》(*The Yeast Connection:A Medical Breakthrough*)在内的相关书籍一直是畅销书。[24]

与从饮食中去除所有酵母的流行趋势相反,营养学家仍然建议使用益生菌布拉氏酵母来治疗与炎症性肠病相关的腹泻。这是没有道理的,因为酵母末日预言家认为,甘露聚糖在布拉氏酵母细胞表面的数量与在其他酵母菌株上的数量一样多。根据这些替代医疗从业者的说法,有好酵母也有坏酵母,除非所有酵母都是坏的或都不坏。如果你对此感到困惑是可以理解的。享受合理健康生活的人所做的事情,可能还不如求助于我林肯郡祖母的胃肠病智慧,她以惊人的热情关注肠道健康。她早上的问候语是:"亲爱的,感觉如何?"除非你报告说肠道部门表现出色,否则她会自信地以几十年的医学训练为准进行预测,虽然她从没正式声称自己有此经历。当日常腹部疾病可以通过合理的饮食和新鲜空气来解决时,她就不会采用任何益生菌疗法。

然而,林肯郡和其他地方的新鲜空气中经常充满真菌孢子,其中许多来自酵母,它们会导致哮喘。因为糖真菌是一种附着在尘土上的微生物,不能单独移动到任何地方,所以它不容易进入我们的鼻腔和肺部。面包师比其他人更容易吸入酿酒酵母细胞,但谷物粉中的蛋白质所造成的职业危害更大。面包店粉尘引起的贝克哮喘被罗马人所发现,并在18世纪由意大利医生拉马齐尼(Bernardino Ramazzini)进行描述。[25]据报道,当酵母以干粉状态使用时会导致疾病,而商业面包店使用的传统湿酵母不会,所以家庭面包师和酿酒师根本不必担心。

其他酵母,尤其是像掷孢酵母这样的镜像酵母,它们利用水滴进行空气传播,对哮喘患者来说是一个大问题,也许比植物花粉更严重。20世纪80年代,《柳叶刀》(The Lancet)报道了一个医学侦探故事,故事始于英国伯明翰的一场夏季雷暴后,医院收治了70名患者。[26]检测显示,在哮喘病例频发期间,工业工厂和汽车的污染物水平相对较低,花粉水平的波动也与该事件不相符。但是,对雷暴期间真菌孢子浓度进行详细分析后,人们发现了确凿的"罪证"。当雨云带在英格兰西米德兰兹郡上空移动时,掷孢酵母以异常迅猛的速度繁殖并释放孢子,使之以每立方米空气中有50万个孢子的强度覆盖了这座城市。美国国家过敏症管理局将每立方米空气中超过5万个孢子的数量归类为"非常高",在每日报告中将数字标红进行强调,并建议哮喘患者待在室内。[27]

英国夏季雷暴之前的一段时间,天气炎热干燥,抑制了镜像酵母的生长和孢子释放,夏季雷暴则刺激了镜像酵母的生长和孢子的释放。倾盆大雨使真菌恢复了活力,使其能够出芽繁殖,而高湿度刺激了水滴的形成,使酵母孢子能传播到空气中。雨水再将大气中的孢子冲刷到地面,这使得伯明翰研究中检测到的空气中的掷孢酵母细胞数量如此庞大,令人印象深刻。与暴风雨天气相关的呼吸困难给数亿呼吸道敏感的人带来了相当大的痛苦,被称为夏季哮喘。许多种类的真菌和其他微生物都会受到降雨的刺激,但镜像酵母无所不在,加上它们数量惊人,表明它们是引起哮喘最重要的环境原因之一。无疑,镜像酵母是哮喘患儿的头号大敌。酵母在造雨方面的能力已被认可,再加上空气中酵母在哮喘中的作用被证实,这些真菌在生物圈中的地位大大提高。

哮喘是一种常见的会危及生命的疾病。据估计,每年有三亿人患这种疾病,其中25万人因此死亡。过敏测试证明,真菌孢子是哮喘最常见的病因之一。海星形状的树突状细胞负责监管肺部,将肺部的孢子蛋白质片段和其他异源物质输送到细胞膜表面,将其呈递给免疫系统中其他类型的细胞。这一过程会使哮喘患者的肺部过度敏感。反复暴露于特定的刺激物会导致炎症因子释放和黏液过度产生,从而导致气管收缩。吸入孢子也会引起鼻腔炎症,这种情况被称为"过敏性鼻炎",如果发生在春季或夏季,则称为花粉热。空气中的高浓度酵母细胞还会引起第三种疾病,即过敏性肺泡炎。肺泡炎影响最深部的肺组织,在那里,空气盘旋进入微小的气囊或肺泡。掷孢酵母细胞比许多真菌孢子小得多,非常适合沿着呼吸道一直向下进入肺泡。据报道,一名马术运动员因为接触马棚中受污染的垫草,得了由掷孢酵母引起的肺泡炎。[28]

与酿酒酵母一样,掷孢酵母和其他镜像酵母也是机会主义者,它们偶尔在人体组织中生长,这引起了医学真菌学专家的极大兴趣。他们中的一些人面对一个被真菌感染的患者时,一定很难掩饰自己的兴奋。也许他们对床上发烧的人抱有同情,但同时已经在思考这个患者感染的真菌将如何在下次学术年会上为自己的报告增添色彩。已公布的由真菌导致的疾病包括充满酵母的鼻息肉和皮肤水疱,皮炎,以及免疫系统崩溃者皮肤下、淋巴结和身体周围多个部位的深层感染。[29]癌症治疗、HIV感染和静脉注射药物是真菌疾病的常见诱因。在健康人身上也发现了酵母,其中包括一名左眼玻璃体中生长有掷孢酵母的年轻女性。[30]像这样的案例无法简单解释。空气中的酵母是如何进入这个女人眼睛的玻璃体的? 在大多数情况下,能用标准抗真菌药物治疗酵母,但如果免疫系统不正常,真菌会重新感染未受保护的组织。

对于人体组织,掷孢酵母没有特别的食欲,其广泛的宿主生物包括养鱼场的三文鱼苗,以及狗等陆生宠物。对这种微小的酵母而言——事实上是对自然界的大多数生物而言,在遛狗者和她的小狗之间没有什么可选择的。这两道菜组织方式都一样:矿物质框架,上面串着蛋白质带,用脂肪团抹平,用电线连接,通过胸部的风箱充气,通过精心制作的管道系统滋养和排水,再添加上器官肉,并包裹上弹性皮革。当这名妇女或她的巴塞特猎犬的内脏暴露在外,或者这两种哺乳动物的防御系统都躺平跪下时,大量的微生物会试图在温暖的黏液中生长。大多数微生物在这闪闪发光的黏液中找不到它们需要的东西,于是放弃了战斗。一些卫生委员,比如镜像酵母,可以在这种艰辛生活环境中维持一段时间,虽然说,它们宁愿待在有更丰富糖供应和适当空气的地方。对一种习惯于在表面生长并能自由将孢子抛向空气的真菌来说,生活在硬化淋巴结中远不是理想的选择。但是,在种类繁多本领各异的酵母群体中,有少数酵母物种因能随时应对人体内的变化而脱颖而出。这些真菌具有一系列适应能力,使得它们适合向人体宣战。

这让我想到了白念珠菌(白假丝酵母),一种著名的阴道酵母,不过阴道酵母这个名称狭隘了,白念珠菌也生活在我们的口腔中,还能在胃酸中存活下来,并在6.5米长的肠道中定植,在那里,它生长为肠道微生物组中最丰富的真菌(图21)。这种真菌在一系列健康问题中被虚构出的作用,以及它作为令人痛苦的阴道刺激物的实际表现,使它成为继糖真菌之后最著名的酵母。它与酿酒酵母的关系比任何微生物与镜像酵母或裂殖酵母的关系都要密切得多,它们被归类在同一个真菌科中。酿酒酵母和白念珠菌的祖先于两亿年前分道扬镳,当成群的鱼龙冲入古老的海洋,在白色浪花下翻滚时,两者的祖先崭露头角,开始各自演绎精彩。[31] 在其三叠纪祖先灭绝很久之后,白念珠菌获得了感染人类

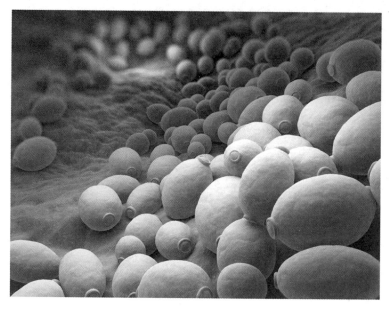

图21 白念珠菌(阴道酵母)

的技巧。

酵母专家识别出300多种念珠菌属(假丝酵母属)酵母,从一名挪威人咳嗽的痰液中分离出的丝状假丝酵母(*Candida aaseri*)开始,到同样在挪威人痰液中发现的涎沫假丝酵母(*Candida zeylanoides*)结束。这个共享的体内微生物福地讲述的是对呼吸系统疾病患者的详细研究,而不是表明斯堪的纳维亚半岛的人痰多或挪威人对真菌吸引力大。这两种酵母也生长在其他地方和其他东西上。事实上,人们在土壤、海水、腌黄瓜、野生蘑菇、"解剖科室水槽中的浑浊福尔马林"、尸体、蜜蜂以及盲眼叩甲(并非指失明的叩甲)的肠道中发现了这两种酵母以及其他念珠菌。[32]除了从花和水果中分离出的少数菌株外,白念珠菌主要还是定殖在人体。它与我们每个人都有着密切的关系。

白念珠菌很可能是作为人类微生物组的良性成员进化而来的,在整个消化系统和阴道中生长,以黏液为食,并与细菌和谐生长。在这种支持性共生的环境中,当人类宿主衰老和患病,健康的细菌菌群变得不平衡时,白念珠菌也以破坏性的方式传播。今天,当我们服用一个疗程的抗生素,将细菌消灭掉,释放念珠菌生长的天然刹车时,我们也会引发同样的白念珠菌破坏行为。由此产生的酵母增殖会引起阴道炎症,这是一种生态失调现象。宏观尺度上的生态失调的一个例子是,在北美洲,当狩猎导致大型食肉动物灭绝时,白尾鹿的数量激增。

当白念珠菌成为机会主义者并穿透肠壁或阴道时,会出现更严重的情况。这种情况发生在免疫系统受损的时候。免疫系统的防护功能降低所带来的身体脆弱性,说明了生命不稳定的本质。在生命的每一秒,我们的命运都取决于构成我们组织的数万亿细胞与微生物群落中大量外来生物之间的合作。当我们的防御能力降低时,白念珠菌会黏附在保护性黏液下的细胞层上,不再以酵母的方式生长,而是将自己转化为丝状真菌,埋入我们的肉质器官。[33]白念珠菌具有二态性,或者,如果我们吹毛求疵,将酵母体和丝状体之间的中间形态也算进去的话,白念珠菌可以被描述为多态性。丝状菌丝的形成在机械意义上改变了白念珠菌的一切,因为它可以开始靠细胞的加压尖端向前推进,而不是像出芽酵母那样向各个方向挤压周围环境。随着这种侵入性生长的进行,白念珠菌通过菌丝释放消化酶来获得营养物质。

这种细胞形态的改变对患者来说可能是灾难性的,对血管、心肌、眼睛和中枢神经系统都会造成严重损伤。在丝状阶段,它甚至会对骨骼造成破坏。这些是"侵袭性念珠菌感染"最严重的表现,这种疾病每年影响25万人,造成5万多人死亡。[34]白念珠菌感染指患者手术或使用导管后发生的血液感染。在血液中传播的酵母细胞是导致死亡率最高的深部感染的原因。念珠菌已经对一些治疗真菌感染的药物产生了耐药性,不过,如果在患病早期就使用广谱抗真菌素如棘球素予以治疗,依然能有效将其清除。

由于具有不同程度耐药性的其他念珠菌引起的感染越来越多,念珠菌感染的治疗变得复杂。迅速鉴定出特定的致病菌就变得非常重要。耳念珠菌(*Candida auris*,耳假丝酵母)于2010年在日本首次从一名耳朵感染患者身上分离出来,目前正以惊人的速度传播,并能抵抗所有可用的抗真菌药物,令人担忧。在医院里,耳念珠菌靠患者之间的互相传染,而不是由正常肠道微生物组的微生物引起感染。[35]

大多数侵袭性念珠菌感染发生在患有严重基础疾病的老年人或免疫系统功能较弱的人身上。入侵人体后,念珠菌可以存活下来,并破坏免疫系统的吞噬细胞(梅奇尼科夫发现的细胞)。在正常的免疫反应中,微生物在吞噬细胞内被破坏,但念珠菌操纵免疫细胞,将监狱变成避难所。过了一段时间,念珠菌变成丝状,挤出一条道,杀死吞噬细胞,成功逆转捕食者和猎物的角色。[36]不过,即使真菌表现出这种恶魔般的行为,健康的免疫系统也能有效地检测和杀死这些变得讨厌的酵母细胞。这使得酵母在我们的口腔和内脏中就得到控制。我们大多数人对念珠菌无需担心,除非我们住院接受手术,需要使用深导管,或者被病毒感染、癌症治疗或正常衰老剥夺了免疫力。

这条相当好的信息被畅销书《念珠菌疗法》(*The Candida Cure*)的作者博罗赫(Ann Boroch)抛到了一边,该书提供了一个为期90天的营养计划,以"恢复健康活力"。[37]她书中的一张表列出了80多种"酵母过度生长直接或间接引起的疾病",其中包括肌萎缩侧索硬化、艾滋病、白血病、二尖瓣脱垂、肥胖、酗酒、自杀倾向和性传播疾病。像已故的克鲁克医生一样,博罗赫认为,采用无酵母饮食可以治疗这些疾病。

保健食品专家对念珠菌的诋毁源于对它会导致严重感染这一事实的误解。这类酵母确实会变得非常麻烦,但将其与侵袭性念珠菌感染以外的危及生命的疾病联系起来,是对所有逻辑、常识和科学的歪曲。只有一个例子表明念珠菌感染与念珠菌感染以外的健康问题之间的潜在联系。正如我们所知,乳糜泻与小麦麸质中醇溶蛋白的免疫敏感性有关。研究人员发现,念珠菌丝在组织侵袭过程中产生的一种蛋白质在分子结构上与醇溶蛋白非常相似,因此免疫系统可能很难将两者区分开。[38] 这进一步证明了,肠道念珠菌感染所引起的免疫反应可能导致乳糜泻。这种关联高度依赖推测,但无疑增加了一种可能性,即乳糜泻可能由其他原因造成,而不是因为对小麦麸质过度敏感,毕竟数千年来,小麦一直是我们饮食的一部分。当然,这项为乳糜泻研究作出贡献的工作,并不代表着替代医学界对酵母的全面指控有任何科学依据。

几十年来,研究念珠菌感染的真菌生物学家一直在寻找使得念珠菌具有破坏作用的毒力因子。"毒力因子"是酵母细胞的特征,帮助它们黏附在组织表面,将自己转化为侵入性细丝,躲避免疫系统,在血液中传播,并破坏组织。与这些过程相关的基因已经得到鉴定,但我们越来越认识到,真菌的致病行为是免疫损伤的结果。念珠菌感染的主要原因与免疫有关,这意味着这些感染的新疗法很可能来自增强免疫系统的疗法。抗真菌药物可以发挥神奇的作用,但除非患者恢复一些机体的自然防御能力,否则这种缓解将是暂时的。虽然靶向真菌细胞内特定分子的药物在治疗念珠菌感染方面非常有效,但是,随着侵袭性感染数量的增加和多药耐药性的出现,免疫疗法似乎带来了最大的希望。[39]

我们可以从真菌的角度来考虑疾病的过程。白念珠菌埋没在肠壁或血管中,长期存活的概率很小。与糖真菌一样,白念珠菌无法产生空气传播的孢子,传播受限。一旦患者死亡,它就无法逃离人体,很可能会随着尸体腐烂。在自然界中,真菌有可能进入食腐动物的肠道,而在不同动物体内循环的能力可能是一些真菌的有效生存机制。但导致疾病并不是白念珠菌的目标。它最适合作为微生物组的和平居民,引导细菌,维持肠道和阴道的健康化学环境。

我们与这种酵母的关系始于婴儿时期,此时来自产道的念珠菌在我们体内定植。婴儿口腔内经常有白念珠菌过度生长，覆盖整个舌头，称为鹅口疮。这种常见的现象一般会在几天内消失。此后，白念珠菌接着在我们的口腔中生活，没有那么大张旗鼓，我们可能在一生中都在相互交换菌株。此时，它正在我们的身上，进食和出芽，过着其酵母般的生活。[40] 念珠菌感染中的致病真菌生长，可以称之为自然噪声的一部分，这是我们和微生物之间几十年的同居生活中偶尔不可避免的失衡。

能够在酵母相和菌丝相之间进行二态转换的酵母非常常见，这是许多酵母被困在动物体内时的一种生存机制。组织胞浆菌病和芽生菌病是由环境酵母引起的疾病，这些酵母在人体内进行这种形态变化。[41] 引起这些疾病的真菌，是组织胞浆菌属（*Histoplasma*）和芽生菌属（*Blastomyces*）的酵母，它们以空气传播的孢子进入人体，并从肺部传播到各个重要器官。它们甚至可以在骨组织中生长。外界对它们的习性知之甚少，但组织胞浆菌生长在富含鸟粪或蝙蝠粪的土壤中。这两种感染都集中在北美。组织胞浆菌病也被称为俄亥俄河谷病，因为它在我所在的美国地区流行。芽生菌病更为普遍。组织胞浆菌病与暴露于鸡舍中或椋鸟等野生鸟聚集地的鸟粪有关。大多数组织胞浆菌病和芽生菌病的病例没有被发现，因为它们以亚临床感染的形式出现。严重感染病例遵循见诸免疫系统受损患者的常见模式，并与高死亡率相关。这种严重感染的罕见是一件幸事。

细胞壁上充满黑色素的黑酵母，即外瓶霉属（*Exophiala*）酵母，也是罕见的致病菌，不幸的是，黑酵母在免疫系统健康的人中也会引起疾病。皮炎外瓶霉（*Exophiala dermatitidis*）是一种深色嗜热菌，喜欢在桑拿浴室、蒸汽浴室和洗碗机里闲逛。[42] 它表现为皮肤感染，但不幸的是，它会传播到中枢神经系统，导致大脑感染。2002年，北卡罗来纳州的5名妇女在脊椎被注射了一种被真菌污染的镇痛用类固醇药物后患上了这种疾病。4名患者通过服用抗真菌药物治愈了,还有一名死于脑膜炎。含有红色色素的红酵母也与严重感染有关。红酵母非常普遍,与产色素细菌一起,会使淋浴间的浴帘和瓷砖周围的水泥浆变色。它作为一种病原体并不令人愉快,它会攻击免疫受损的患者,并在植入的导管周围生长。

最后,所有最致命的酵母都属于隐球菌属。这些物种在土壤中生成丝状菌落,并释放微小的空气孢子。孢子被吸入肺部,在肺部转变为酵母相生长,通过血液传播,感染脑部(图22)。由新型隐球菌(*Cryptococcus neoformans*)引起的隐球菌病,对艾滋病患者来说是一个特殊的难题,它是一种最常见的危及艾滋病患者生命的真菌感染。在晚期病例中,患者会出现恶心、头痛、对光敏感、视物模糊和精神错乱等真菌性脑膜炎症状,最后走向死亡。新型隐球菌的近亲物种,加蒂隐球菌(*Cryp-*

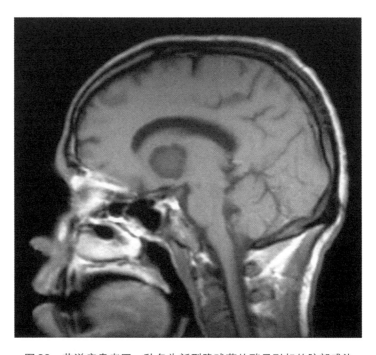

图22　艾滋病患者因一种名为新型隐球菌的酵母引起的脑部感染

tococcus gattii),通过攻击正常免疫系统的人,进而使得这种致命性恐怖完整了:致命感染不仅发生在艾滋病患者身上,也发生在普通人身上。大多数加蒂隐球菌感染病例发生在澳大利亚和新几内亚,但致命疫情也发生在北美。由于抗真菌药物的作用有限,外科医生不得不切除大脑中感染真菌的部分,以挽救一些患者。隐球菌是一种令人讨厌的微生物,是一个在各个方面与我们的救赎者糖真菌都不同的野兽。

这些具有致病性的真菌与大多数酵母物种的良性性质形成了鲜明对比。这是人类与微生物之间多种相互作用的方式。在我们的免疫防御能力降低之前,或者在我们接触到破坏了我们和微生物的传统融洽关系的罕见有害细菌之前,一切都运转良好。和平共处是常态。大量温和的微生物生活在我们的皮肤上,对我们没有任何威胁。酵母菌是普通人身体表面最常见的真菌。出芽的生活方式似乎适合这种充满挑战的环境,在皮肤这片广阔的干燥沙漠中散布着汗水和油脂的绿洲。耳道和鼻孔是很好的酵母栖息地,头皮则是酵母名副其实的快乐花园。马拉色菌属(*Malassezia*)的多种酵母在所有这些地方都是赢家,每个人头上都有多达1000万个马拉色菌细胞——人们在做自己的事情的同时,携带着成千上万颗酵母小球在地球上蹦跶。[43] 在这些地方的马拉色菌都是友好的,是健康微生物组的一部分。它与头皮屑有关,在有头皮屑的情况下,它长得更欢,促进了去头皮屑洗发水的销售。在脾气不好的时候,马拉色菌会引起严重的皮炎和湿疹,使毛囊发炎,并侵入发干。[44]

马拉色菌也存在于深海沉积物、海底热液喷口、珊瑚、龙虾和鳗鱼的内脏、南极土壤、线虫和兰花根中。[45] 我们通过基因印迹可以推断出这些地方的酵母丰度,但对其生活方式知之甚少。对马拉色菌的研究很困难,因为它无法在实验室里培养,而马拉色菌栖息地的广泛性表明它是一类具有巨大生态效应的微生物。说生长在热液喷口周围的酵母可能包含着一些科学秘密,一点也不足为奇,但直到最近,我们皮肤上微生物的秘密存在还表明了研究人员对此显而易见的冷漠。

我们对我们的生态和我们自己都知之甚少。每次你在揉搓光滑的眉间,酵母菌都从你的指尖传递到你的眉间。当你从办公桌旁站起来和来访者握手时,你们就互换了彼此的酵母菌。无所事事的抓挠会移动酵母,生成新的酵母细胞混合物,涂抹在电脑鼠标的按钮上。每一个动作,每一次物理交流,都在酵母DNA中被无形地追踪。灵长类动物拥有足够的知识和技术,可以将宇宙飞船送入遥远的行星轨道,而他们是在一个充满真菌学魔力和神秘的世界里完成这一切的。

酵母有很多种,但糖真菌作为我们文明的伙伴,占据着至高无上的地位。没有它,就没有今天的我们。几千年来,酿酒酵母和人类一直密不可分,是彼此的映像,二者的基因相似性反映了彼此深层的祖先根源,从那产生了二者共同的细胞机制。这些基因组的匹配表达使真菌能够发酵酒精,为我们所消化。这种代谢协调,传播了几千代人类的快乐和痛苦——酒精带来快乐也带来痛苦——是在热带雨林中发展起来的。直立的猿从热带雨林迁徙到大草原。我们与酒精以及后来与发酵面包的复杂关系推动了农业和定居。从这些辉煌中产生了文明、政治组织、军事化和大规模饥荒。之后,酵母驱动的人类文明成果还包括科学技术、工程和医学、人口指数增长以及随之而来的生物圈破坏。在这个气候危机的时代,酿酒酵母的工业应用有望在生物技术方面取得重大进展,为推动碳中和经济提供一些希望——也许是我们唯一的希望。人类的未来更多地取决于酿酒酵母,而不是任何农场动物或作物。

在很短的时间内,科学已经将这种神秘的发酵剂转变成了一个举世闻名的活工厂,对其分子的精妙之处进行了仔细研究,并逐个基因地进行了操作,以实现惊人的生物技术奇迹。糖真菌,酿酒酵母,这种鼓舞人心的微生物,是一种世俗的神,与太阳的温暖一样值得尊敬。

插图来源

图1　糖真菌(酿酒酵母)的扫描电子显微照片

克罗斯(Kathryn Cross),食品研究所和国家酵母培养物保藏中心,
https://creativecommons.org/licenses/by/4.0/

图2　里斯于1870年绘制的酿酒酵母示意图

M. Rees, *Botanische Untersuchungen über die Alkoholgährungspilze*
(Leipzig, Germany: Arthur Felix, 1870)

图3　酵母糖代谢图

菲舍尔(Mark Fischer)绘,辛辛那提圣约瑟山大学

图4　酿酒酵母的生命周期

菲舍尔绘,辛辛那提圣约瑟山大学

**图5　撒克斯特绘制的生长在甲虫等昆虫外骨骼上的子囊菌(即子
囊菌纲真菌)的子囊壳或菌体的插图**

R. Thaxter, *Memoirs of the American Academy of Arts and Sciences* 13,
217-649(1908)

图6　笔尾树鼩

沃尔夫(J.Wolf)绘制的插图,见:J. E. Gray, *Proceedings of the Zoo-
logical Society of London*, 23-4(1848)

图7　蜂猴

环球图像集团北美有限责任公司/Alamy Stock

图8　庞贝古城出土的一块面包化石

Ancient roman fossilized bread, year 76 or 79 AD, from Pompeii, Italy.

Jebulon/CC0 1.0

图9　1931年弗莱施曼公司的酵母广告

作者的收藏

图10　真核细胞的简单示意图

菲舍尔绘,辛辛那提圣约瑟山大学

图11　经过冷冻断裂处理的酵母细胞的电子显微照片

由慕尼黑大学生物系万纳(Gerhard Wanner)提供,基于Creative

Commons Attribution-Share Alike 2.0 license授权。

图12　薄单领鞭毛虫

W. Saville Kent, *A Manual of the Infusoria*, vol. 3 (London: D. Bogue,

1880‑2)

**图13　以玉米为原料的生物乙醇生产和利用相关的能量流动以及
二氧化碳的吸收和释放**

菲舍尔绘,辛辛那提圣约瑟山大学

图14　现代生物乙醇工厂

zych/123RF

图15　巴西甘蔗田

casadaphoto/123RF

图16　镜像酵母掷孢酵母属的鲑鱼粉色菌落的镜像图片

伊德纳姆(Alexander Idnurm),墨尔本大学

图17　捕食性梅奇酵母的子囊孢子排放

引用自 M.-A. Lachance et al., *Canadian Journal of Microbiology* 22,

1756–61（1976）和 M.–A. Lachance et al., *Canadian Journal of Microbiology* 44, 279–88（1998），加拿大科学出版社或其许可人版权所有，经许可转载

图18　双足囊菌属酵母从细长子囊中排出孢子

菲舍尔绘，辛辛那提圣约瑟山大学

图19　子囊菌多毛核腔菌的迷人插图

L. R. Tulasne and C. Tulasne, *Selecta Fungorum Carpologia*, 3 volumes（Paris: Imperatoris Jussu, In Imperiali Typographeo Excudebatur, 1861–5）

图20　粟酒裂殖酵母的扫描电子显微镜图像

克罗斯，食品研究所和国家酵母培养物保藏中心，https://creative-commons.org/licenses/by/4.0/

图21　白念珠菌（阴道酵母）

Tatiana Shepeleva/123RF

图22　艾滋病患者因一种名为新型隐球菌的酵母引起的脑部感染

Cultura Creative（RF）/Alamy Stock Photo

注　释

第一章

1. 这些引文摘自这本词典的节略本：S. Johnson, *A Dictionary of the English Language* (London: J. Knapton, et al., 1756)。

2. J. A. Barnett and L. Barnett, *Yeast Research: A Historical Overview* (Washington, DC: ASM Press, 2011)。

3. 梅恩在1838年描述了三种酵母属(*Saccharomyces*)酵母：酿酒酵母(*Saccharomyces cerevisiae*)、苹果酵母(*Saccharomyces pomorum*)和葡萄酒酵母(*Saccharomyces vini*)。历史详细信息见注释2。

4. 19世纪30年代，显微镜技术最重要的创新是消色差透镜的发展，这种透镜消除了与未校正光学系统相关的彩色光。

5. 德国有机化学家李比希(Justus von Liebig)从未接受发酵的微生物学解释，法国博物学家普歇(Félix Pouchet)也拒绝接受巴斯德对自然发生说的相关反驳。

6. 用酵母发酵的面包成为罗马共和国的主食，见：P. Faas, *Around the Roman Table: Food and Feasting in Ancient Rome* (Chicago: University of Chicago Press, 1994); Pliny, *Natural History*, Books 17–19, Loeb Classical Library, translated by H. Rackham (Cambridge, MA: Harvard University Press, 1950)。

7. A. Schriver et al., *Chemical Physics* 334, 128–37 (2007); H. Karttunen et al. (eds.), *Fundamental Astronomy*, 3rd edition (Berlin, Heidelberg: Springer, 1996)。

8. 这一现象以克拉布特里(Herbert Grace Grabtree)的姓氏命名，他的研究涉及癌细胞和非癌细胞之间的代谢竞争，这对肿瘤的发展至关重要：H. G. Crabtree, *Biochemical Journal* 23, 536–45 (1929); R. H. De Deken, *Journal of General Microbiology* 44, 149–56 (1966); R. Diaz-Ruiz, M. Rigoulet, and A. Devin, *Biochimica et Biophysica Acta* 1807, 568–76 (2011); T. Pfeiffer and A. Morley, *Frontiers in Molecular Biosciences* 1, 1–6 (2014)。

9. K. H. Wolfe and D. C. Shields, *Nature* 387, 708–13 (1997). Genomic analysis by M. Marcet-Houben and T. Gabaldón in *PLoS Biology* 13(8), e1002220 (2015). 这两篇文章表明,酿酒酵母起源于两种不同酵母的交配。其中,有一种可能是,由此产生的杂交酵母存活了数百万年,通过出芽形成子细胞,但没有进行有性生殖。之所以会出现这种"独身"现象,是因为来自不同亲本的染色体完全不同,无法配对(这是有性生殖的基本条件)。骡子不育的原因与此类似,骡子是马和驴(两者染色体数量不同)的杂交种。为了产生我们今天在酵母中看到的性,整个杂交基因组必须被复制,以使每条染色体都有一个配对伴侣。所以,下一代酵母的DNA含量将是原始亲本的两倍。

10. P. F. Cliften et al., *Genetics* 172, 863–72 (2006); K. H. Wolfe, *PLoS Biology* 13(8), e1002221 (2015). 酵母基因组的复制使新的酵母菌株拥有大约10 400个编码蛋白质的基因。随后,85%—90%的重复基因丢失,使这个数字减少到5770。

11. J. Piškur et al., *Trends in Genetics* 22, 183–6 (2006); S. Dashko et al., *FEMS Yeast Research* 14, 826–32 (2014).

12. K. Vanneste, S. Maere, and Y. van de Peer, *Philosophical Transactions of the Royal Society B* 369, 20130353 (2014).

13. 公元1世纪,用果汁调味的冰是尼禄(Nero)皇帝的最爱。第一种乳制品冰淇淋产生于中国的唐朝(公元618—907年),将冰与水牛奶、面粉和樟脑混合在一起。

14. 考虑到体积而不是宽度,一个典型的酵母细胞中可以容纳70个细菌。这跟大象与人类、蓝鲸与大象的个头比例相同。

15. 19世纪30年代,拉图尔(Charles Cagnaird Latour)是第一个看到酵母表面因芽分离留下的疤痕和每个细胞上的标志着芽细胞与母细胞完全分离的脐的研究者。见注释2。

16. 根据《牛津英语词典》,卡普的卡通人物什穆是"又小又圆,随时可以满足人类的任何物质需求",同样的定义也适用于酵母。在酵母生物学中,什穆指的是用于交配的投影,而不是整个细胞。

17. T. Replansky et al., *Trends in Ecology and Evolution* 23, 294–501 (2008).

18. C. F. Kurat et al., *Journal of Biological Chemistry* 281, 491–500 (2006).

19. C. P. Kurtzman, J. W. Fell, and T. Boekhout, eds., *The Yeasts: A Taxonomic Study*, 5th edition (Amsterdam: Elsevier, 2011). 本章中的描述还借鉴了另一本同是关于酵母分类学的书,即 J. A. Barnett, R. W. Payne, and D. Yarrow, *Yeasts: Characteristics and Identification*, 3rd edition (Cambridge: Cambridge University Press, 2000)。

20. 子囊菌门又分为三个亚门:盘菌亚门、酵母亚门和外囊菌亚门。酿酒酵母属于酵母亚门,粟酒裂殖酵母属于外囊菌亚门。亚门是大的分类群。其他酵母属于担子菌门,这个类群包括蕈真菌即大型真菌。这些真菌群在进化上相距甚远。将分类作为进化距离的一个衡量标准不够准确,因为如果以此为标准,我们可以得出以下结论:酿酒酵母和粟酒裂殖酵母的进化距离等同于海鞘(被囊动物亚门)与海狮(脊椎动物亚门)的进化距离。使用相同的定性比较,担子菌和子囊菌酵母的进化距离与海胆(棘皮动物门)和海狮(脊索动物门)的进化距离一样远。真菌分类学概述见:N. P. Money, *Fungi: A Very Short Introduction* (Oxford: Oxford University Press, 2016)。

21. R. Thaxter, *Memoirs of the American Academy of Arts and Sciences* 12, 187–249 (1896); 13, 217–649 (1908); 14, 309–426 (1924); 15, 427–580 (1926); 16, 1–435

(1931). 撒克斯特的工作涉及一类微小的子囊菌,被称为虫囊菌纲。夏尔·蒂拉纳(1816—1884)绘制的其他子囊菌的绝美插图可见:N. P. Money, *Mr. Bloomfield's Orchard: The Mysterious World of Mushrooms, Molds, and Mycologists* (New York: Oxford University Press, 2002)。

22. K. Nasmyth, *Cell* 107, 689–701 (2001).

第二章

1. F. Wiens et al., *PNAS* 105, 10426–31 (2008).

2. 棕榈花蜜的最高酒精浓度为3.8%,与英国酒吧供应的许多美国淡啤酒和生苦啤酒相当。温斯(Wiens)等人(见注释1)的计算表明,中等体重的女性必须摄入115毫升纯酒精才能与树鼩的酒精摄入量相当。

3. 一些研究表明,在适应性隐身的情况下,生长在花蜜中的酵母已经失去了它们的气味,以避免被传粉者发现,否则传粉者可能会避开它们栖息的花朵。M. Moritz, A. M. Yurkov, and D. Begerow, *bioRxiv* doi: https://doi.org/10.1101/088179.

4. J. Stökl et al., *Current Biology* 20, 1846–52 (2010).

5. D. N. Orbach et al., *PLoS ONE* 5(2), e8993 (2010); F. Sánchez et al., *Behavioural Processes* 84, 555–8 (2010). 关于酒精对其他动物影响的实验包括对一种名为白眉黄臀鹎的以色列鸟类的研究:S. Mazeh et al., *Behavioural Processes* 77, 369–75 (2008)。这种鸟会被酒精含量与发酵水果相当的食物所吸引,但会被酒精含量与淡啤酒相当的食物所排斥。

6. Sánchez et al. (见注释5)。

7. L.–A. Delegorgue, *Travels in Southern Africa*, translated by F. Webb (Durban: Killie Campbell Africana Library; Pietermaritzburg: University of Natal Press, 1990), p. 275.

8. S. Morris, D. Humphreys, and D. Reynolds, *Physiological and Biochemical Zoology* 79, 363–9 (2006).

9. L. P. Winfrey, *The Unforgettable Elephant* (New York: Walker and Co., 1980).

10. K. J. Hockings et al., *Royal Society Open Science* 2, 150150 (2015).

11. R. Dudley, *Quarterly Review of Biology* 75, 3–15 (2000); R. Dudley, *Integrative and Comparative Biology* 44, 315–23 (2004); R. Dudley, *The Drunken Monkey:Why We Drink and Abuse Alcohol* (Berkeley, CA: University of California Press, 2014).

12. T. L. Wall, S. E. Luczak, and S. Killer–Sturmhöfel, *Alcohol Research: Current-Reviews* 31, 59–68 (2016).

13. M. A. Carrigan et al., *PNAS* 112, 458–63 (2015).

14. N. J. Dominy, *PNAS* 112, 3080309 (2015).

15. J. Mercader, *Science* 326, 1680–3 (2009); B. Hayden, N. Canuel, and J. Shanse, *Journal of Archaeological Methods and Theory* 20, 102–50 (2013).

16. A. Tutuola, *The Palm-Wine Drinkard* (London: Faber and Faber, 1952).

17. M. Stringini et al., *Food Microbiology* 26, 415-20 (2009).

18. S. Harmand et al., *Nature* 521, 310-15 (2015).

19. C. Lévi-Strauss, *From Honey to Ashes: Introduction to a Science of Mythology*, vol. 2 (New York: Harper and Row, 1973).

20. P. D. Sniegowski, P. G. Dombrowski, and E. Fingerman, *FEMS Yeast Research* 1, 299-306 (2002); C. T. Hittinger, *Trends in Genetics* 29, 309-17(2013).

21. Q.-M. Wang et al., *Molecular Ecology* 21, 5404-17 (2012).

22. J.-L. Legras et al., *Molecular Ecology* 16, 2091-102 (2007); R. Tofalo et al., *Frontiers in Microbiology* 4, 1-13 (2013). 在地中海森林中发现了野生酵母,酵母迁徙的传奇故事变得更加复杂:P. Almeidaet et al., *Molecular Ecology* 24, 5412-27 (2015)。葡萄酒酵母可能是从葡萄牙和南欧其他国家橡树上生长的真菌中驯化而来的。这些野生菌株的起源尚不清楚。

23. Legras et al. (见注释22)。

24. 酵母属的分类非常复杂。啤酒酵母巴斯德酵母(*Saccharomyces pastorianus*),过去被称为卡尔斯伯格酵母(*Saccharomyces carlsbergensis*),是酿酒酵母和贝酵母(*Saccharomyceseu bayanus*)的杂交种。类似地,比利时风格的啤酒是由酿酒酵母和库德里阿兹威氏酵母(*Saccharomyces kudriavzevii*)的杂交菌株发酵的。用于香槟发酵的贝酵母可能是在葡萄汁酵母(*Saccharomyces uvarum*)与酿酒酵母×贝酵母早期杂交形成的酵母菌株杂交后进化而来的。这些驯化杂交种的存在使大多数酵母生物学家得出结论:巴斯德酵母和贝酵母不是不同的物种。B. Dujon, *Trends in Genetics* 22, 375-87 (2006); D. Libkind et al., *PNAS* 108, 14539-44 (2011); C. T.Hittinger, *Trends in Genetics* 29, 309-17 (2013); J. Wendland, *Eukaryotic Cell* 13, 1256-65 (2014); S. Marsit and S. Dequin, *FEMS Yeast Research* 15, fov067 (2015); D. Peris, et al. *PLoS Genetics* 12(7): e1006155 (2016).

25. B. Gallone et al., *Cell* 166, 1397-410 (2016).

26. N. P. Money, *Fungi: A Very Short Introduction* (Oxford: Oxford University Press, 2016).

27. R. Mortimer and M. Polsinelli, *Research in Microbiology* 150, 199-204 (1999).

28. E. Ocón et al., *Food Control* 34, 261-7 (2013).

29. I. Stefanini et al., *PNAS* 109, 13398-403 (2012).

30. https://ec.europa.eu/agriculture/wine/statistics_en.

31. R. Tofalo et al., *Food Microbiology* 39, 7-12 (2014).

32. I. Stefanini et al., *PNAS* 113, 2247-51 (2016); M. Blackwell and C. P.Kurtzman, *PNAS* 113, 1971-3 (2016).

33. Coluccio et al., *PLoS ONE* 3(6): e2873 (2008). 酵母子囊孢子也可以在森林土壤中越冬:S. J. Knight and M. R. Goddard, *FEMS Yeast Research* 16, fov102

（2016）。

34. J. F. Christiaens et al., *Cell Reports* 9, 425–32（2014）.

35. N. H. Scheidler et al., *Scientific Reports* 5, 14059（2015）.

36. A. V. Devineni and U. Heberlein, *Annual Review of Neuroscience* 36, 121–38（2013）. 这篇权威的综述文章很好地概述了果蝇作为酒精研究模型的相关研究。小龙虾也被用于研究酒精中毒的机制：M. E.Swierzbinski, A. R. Lazarchik, and J. Herberholz, *Journal of Experimental Biology* 220, 1516–23（2017）。

37. A. V. Devineni and U. Heberlein, *Current Biology* 19, 2126–32（2009）.

38. H. G. Lee et al., *PLoS ONE* 3（1）, e1391（2008）.

39. G. Shohat-Ophir et al., *Science* 335, 1351–5（2012）.

40. K. D. McClure, R. L. French, and U. Heberlein, *Disease Models and Mechanisms* 4, 335–46（2011）.

41. 最近的研究对催产素与信任之间所谓的关系提出了质疑：G. Nave, C. Camerer, and M. McCullough, *Perspectives in Psychological Science* 10, 772–89（2015）。

第三章

1. A. Revedin et al., *PNAS* 107, 18815–19（2010）.

2. W. Rubel, *Bread: A Global History*（London: Reaktion Books, 2011）.

3. P. Faas, *Around the Roman Table: Food and Feasting in Ancient Rome*（Chicago: University of Chicago Press, 1994）.

4. Juvenal, *The Sixteen Satires*, translated by P. Green, Satire V, lines 79–81（London: The Folio Society, 2014）, p. 88; H. Morgan, *Bakers and the Baking Trade in the Roman Empire: Social and Political Responses from the Principate to Late Antiquity*（Master's Thesis, Pembroke College, University of Oxford, 2015）.

5. Pliny, *Natural History*, Books 17–19, Loeb Classical Library, translated by H. Rackham（Cambridge, MA: Harvard University Press, 1950）.

6. J. R. Clarke, *The Houses of Roman Italy, 100 B.C.–A.D. 250: Ritual, Space, and Decoration, Part 250*（Berkeley, CA: University of California Press, 1991）; A. Cooley, *The Cambridge Manual of Latin Epigraphy*（Cambridge: Cambridge University Press, 2012）.

7. P. W. Hammond, *Food and Feast in Medieval England*（Gloucestershire, United Kingdom: Alan Sutton, 1993）; J. L. Singman, *Daily Life in Medieval Europe*（Westport, CT: Greenwood Press, 1999）.

8. E. Buehler, *Bread Science: The Chemistry and Craft of Making Bread*（Hillsborough, NC: Two Blue Books, 2006）.

9. D. F. Good, *The Economic Rise of the Habsburg Empire, 1750–1914*（Berkeley, CA: University of California Press, 1984）; M. Roehr, in *History of Modern Biotechnology*

I, edited by A. Fiechter (Amsterdam: Springer, 2000), 127-8.

10. P. Debré, *Louis Pasteur*, translated by E. Forster (Baltimore, MD: Johns Hopkins University Press,1998).

11. E. N. Horsford, *Report on Vienna Bread* (Washington, DC: Government Printing Office, 1875).

12. A. de Tocqueville, *Democracy in America and Two Essays on America*, translated by G. E. Bevan (London: Penguin, 2003) 526.

13. P. C. Klieger, *Images of America: The Fleischmann Yeast Family* (Charleston, SC: Arcadia, 2004).

14.含有弗莱施曼使用过的原始酵母菌株干燥培养物的试管将是一件非常有价值的历史文物。1928年,弗莱明(Alexander Fleming)发现了抗生素,生产该抗生素的点青霉(*Penicillium notatum*,或称特异青霉)菌株的保存培养物在2016年的拍卖会上以4.6万美元的价格被售出: E. Blakemore, http://www.smithsonian.com, December 9, 2016。

15. M. Morgan, *Over-the-Rhine: When Beer Was King* (Charleston, SC: The History Press, 2010); S.Stephens, *Images of America: Cincinnati's Brewing History* (Charleston, SC: Arcadia, 2010).

16. http://www.breadworld.com/history.

17. *Yeast Market: Global Trends and Forecast to 2020*, Markets and Markets Report Code FB 2233, http://www.marketsandmarkets.com.

18. A. Bekatorou et al., *Food Technology and Biotechnology* 44, 407-15 (2006); R. Gómez-Pastor et al., in *Biomass: Detection, Production and Usage*, edited by D. Matovic, http://www.intechopen.com, (2011), 201-22.

19. H. Takagi and J. Shima, in *Stress Biology of Yeasts and Fungi: Applications for Industrial Brewing and Fermentation*, edited by H. Takagi and H. Kitagaki (Tokyo: Springer Japan, 2015), 23-42.

20. S. P. Cauvain and L. S Young, editors, *The Chorleywood Bread Process* (Cambridge: Woodhead Publishing, 2006).

21. http://www.chopin.fr/en/produits/3-alveograph.html.

22. H. G. Müller, *Transactions of the British Mycological Society* 41, 341-64 (1958).穆勒在一本关于欧洲烘焙业起源和发展的简册中运用了他的烘焙知识: H. G. Muller, *Baking and Bakeries* (Oxford: Shire Publications, 1986)。

23. https://www.wonderbread.com/products/classic-white/.

24. A. Whitley, *Bread Matters: The State of Modern Bread and Definitive Guide to Baking Your Own* (London: 4th Estate, 2009).

25. L. De Vuyst and P. Neysens, *Trends in Food Science and Technology* 16, 43-56 (2005).

26. R. F. Schwan and A. E. Wheals, *Critical Reviews in Food Science and Nutrition* 44, 205–21（2004）; D. S. Nielsen et al., in *Chocolate in Health and Nutrition*, edited by R. R. Watson, V. R. Preedy, and S. Zibadi（New York: Humana, 2013）, 39–60; V. T. Ho, J. Zhao, and G. Fleet, *International Journal of Food Microbiology* 174, 72–87（2014）.

27. H.–M. Daniel et al., *FEMS Yeast Research* 9, 774–83（2009）.

28. J. A. Barnett, R. W. Payne, and D. Yarrow, *Yeasts: Characteristics and Identification*, 3rd edition（Cambridge: Cambridge University Press, 2000）; C. P. Kurtzman, J. W. Fell, and T. Boekhout, eds., *The Yeasts: A Taxonomic Study*, 5th edition（Amsterdam: Elsevier, 2011）.

29. Z. Papalexandratou et al., *Food Microbiology* 35, 73–85（2013）.

30. C. L. Ludlow et al., *Current Biology* 26, 1–7（2016）.

31. C. Price, *Vitamania: Our Obsessive Quest for Nutritional Perfection*（New York: Penguin Press, 2015）; C. Price, *Distillations Magazine* Fall Issue, 17–23（2015）; Klieger（n. 13）.

32. Klieger（见注释13）。

33. I. Goldberg, *Single Cell Protein*（Berlin, Heidelberg: Springer, 2013）.

34. M. Buggein, *Slave Labor in Nazi Concentration Camps*（Oxford: Oxford University Press, 2014）.

35. J. A. Barnett, *Yeast* 20, 509–43（2003）.

36. J. L. Marz, *A Revolution in Biotechnology*（Cambridge: Cambridge University Press, 1989）.

37. T. Shabad, *New York Times*, November 10, 1973; K. Wolf, *Nonconventional Yeasts in Biotechnology: A Handbook*（Berlin, New York: Springer, 1996）; M. L. Rabinovich, *Cellulose Chemistry and Technology* 44, 173–86（2010）.

38. https://www.cia.gov/library/readingroom/document/0000498552.

39. *Yeast Market*（见注释 17）。

40. R. J. Gruninger et al., *FEMS Microbial Ecology* 90, 1–17（2014）.

41. J. Callister, *The Man Who Invented Vegemite: The Story Behind an Australian Icon*（Murdoch Books, 2012）; http://www.ilovemarmite.com/default.asp.

42. J. Lewis, *The Jerusalem Post*, June 18, 2015.

第四章

1. F. M. Klis, C. G. de Koster, and S. Brul, *Eukaryotic Cell* 13, 2–9（2014）; http://bionumbers.hms.harvard.edu/default.aspx.

2. D. S. Goodsell, *The Machinery of Life*, 2nd edition（New York: Copernicus/Springer, 2009）.

3. D. Araiza-Olivera et al., *The FEBS Journal* 280, 3887-905 (2013).

4. 囊泡形成及其在细胞质中的运输对所有真核细胞生命活动至关重要。谢克曼采用酵母、罗恩曼(James Rothman)和聚德霍夫(Thomas Südhof)采用哺乳动物细胞,进行了精细的实验,阐明了这种内膜转运过程。三位科学家共同获得了2013年诺贝尔生理学或医学奖: I. Mellman and S. D. Emr, *Journal of Cell Biology* 203, 559-61 (2013)。大隅良典(Yoshinori Ohsumi)因对酵母突变体的研究而获得2016年诺贝尔奖,该研究揭示了细胞内蛋白质持续周转和细胞器分解过程中,内膜系统是如何重组的。这种机制被称为自噬,人体细胞中自噬功能的运行在许多严重疾病的进展中起着关键作用: F. Reggiori and D. J. Klionsky, *Genetics* 194, 341-61 (2013)。

5. M. Osumi, *Journal of Electron Microscopy* 61, 343-65 (2012).

6. M. C. Gustin et al., *Science* 233, 1195-7 (1986).

7. A. B. G. Goffeau et al., *Science* 274, 546-67 (1996).

8. S. Wilkening et al., *BMC Genomics* 14, 90 (2013).

9. B. Dujon, *FEMS Yeast Research* 15, fov047 (2015).

10. J. A. Barnett, *Yeast* 24, 799-845 (2007).

11. C. C. Lindegren et al., *Nature* 183, 800-2 (1959).

12. 林德格伦(Carl Lindegren)在一本书名怪异的书《冷战生物学》(*The Cold War Biology*)中,详细阐述了他对遗传特征的奇怪看法(Ann Arbor, MI: Planarian Press, 1966)。J. Sapp, *Beyond the Gene: Cytoplasmic Inheritance and the Struggle for Authority in Genetics* (New York: Oxford University Press, 1987).

13. D. Botstein and G. R. Fink, *Genetics* 189, 695-704 (2011); S. R. Engel and J. M. Cherry, *Database* 2013, bat012 (2013); http://www.yeastgenome.org.

14. H. Feldmann, *Yeast: Molecular and Cell Biology*, 2nd edition (Weinheim, Germany: Wiley-Blackwell, 2012).

15. C. L. Ludlow, *Nature Methods* 10, 671-5 (2013).

16. G. Giaever and C. Nislow, *Genetics* 197, 451-65 (2014);http://www-sequence.stanford.edu/group/yeast_deletion_project/project_desc.html.

17. P. F. Cliften et al., *Genetics* 172, 863-72 (2006); K. H. Wolfe, *PLoS Biology* 13(8), e1002221 (2015).

18. M. Koegl and P. Uetz, *Briefings in Functional Genomics and Proteomics* 6, 302-12 (2008); Y. C. Chen et al., *Nature Methods* 7, 667-8 (2010); Feldmann (n. 14).

19. A. H. Y. Tong and C. Boone, *Methods in Microbiology* 36, 369-86, 706-7 (2007).

20. http://www.singerinstruments.com.

21. Giaever and Nislow (见注释16)。

22. L. Peña-Castillo and T. R. Hughes, *Genetics* 176, 7-14 (2007).

23. M. Schlackow and M. Gullerova, *Biochemical Society Transactions* 41, 1654–9 (2013).

24. *Pocket Oxford English Dictionary*, 11th edition, edited by M. White (Oxford: Oxford University Press, 2013).

25. F. M. Doolittle, *PNAS* 110, 5294–300 (2013).

26. A. F. Palazzo and T. R. Gregory, *PLoS Genetics* 10(5), e1004351 (2014).

27. C. J. Gimeno et al., *Cell* 68, 1077–90 (1992); J. M. Gancedo, *FEMS Microbiology Reviews* 25, 107–23 (2001).

28. W. C. Ratcliff et al., *Nature Communications* 6, 6102 (2015).

29. 尽管赋予大丹犬大长腿的突变基因是通过有性生殖获得的,但其原理与酵母雪花形成的无性现象完全相同。大丹犬往往患有消化系统疾病、心脏病和髋关节发育不良,但这些残疾被认为是次要的,因为该品种具有良好的身材和温和的性格。

30. W. C. Ratcliff et al., *PNAS* 109, 1595–600 (2012); K. Voordeckers and K. J. Verstrepen, *Current Opinion in Microbiology* 28, 1–9 (2015)。相关研究表明,当缺乏蔗糖时,酵母细胞往往会聚集在一起:J. H. Koschwanez, K. R. Foster, and A. W. Murray, *PLoS Biology* 9(8), e1001122(2011)。这种对细胞分裂后分离的天然抵抗力使酵母细胞能够在蔗糖消化中进行合作,并在细胞集群中浓缩葡萄糖和果糖。这种合作行为可能是多细胞进化的一个特征。

31. T. T. Hoffmeyer and P. Burkhardt, *Current Opinion in Genetics and Development* 39, 42–7 (2016).

32. A. H. Kachroo et al., *Science* 348, 921–5 (2015).

33. N. Annaluru et al., *Science* 344, 55–8 (2014); S. M. Richardson et al., *Science* 355, 1040–4 (2017); http://syntheticyeast.org/sc20/introduction/.

34. R. K. Mortimer and J. R. Johnston, *Genetics* 113, 35–43 (1986).

35. http://syntheticyeast.org/sc2-0/ethics–governance/.

36. E. Darwin, *Zoonomia; or the Laws of Organic Life* (London: Printed for J. Johnson, 1794–6).

37. A. Pross, *What is Life? How Chemistry Becomes Biology*, 2nd edition (Oxford: Oxford University Press, 2016); N. Lane, *The Vital Question: Energy, Evolution, and the Origins of Complex Life* (New York: W. W. Norton & Company, 2015).

第五章

1.https://www.fhwa.dot.gov/environment/climate_change/adaptation/publications/climate_effects/effects03.cfm.

2. 艾奥瓦大学 2013—2014 年汇编的数据显示,从 8750 万英亩(554 099 平方千米)所收获的玉米中,有 39% 用于生物乙醇生产:https://www.extension.iastate.

edu/agdm/crops/outlook/cornbalancesheet.pdf。

3. 能源研究所的报告：http://institute forenergyresearch.org/topics/encyclopedia/biomass/。

4. C. K. Wright and M. C. Wimberly, *PNAS* 110, 4134–9（2013）.

5. A. E. Farrell et al., *Science* 311, 506–8（2006）; Z. Wang, J. Dunn, and M.Wang, *Updates to the Corn Ethanol Pathway and Development of an Integrated Corn and Corn Stover Ethanol Pathway in the GREET Model*（Argonne IL: Argonne National Laboratory, 2014）以及相关报告见：https://greet.es.anl.gov/publications。

6. D. D. Smith, *Journal of the Iowa Academy of Sciences* 105, 94–108（1998）.

7. L. C. Basso, et al., *FEMS Yeast Research* 8, 1155–63（2008）.

8. B. E. Della–Bianca et al., *Applied Microbiology and Biotechnology* 97, 979–91（2013）.

9. J. Shima and T. Nakamura, in *Stress Biology of Yeasts and Fungi*, edited by H. Takagi and H. Kitagaki（Tokyo: Springer Japan, 2015）, 93–106.

10. 烟囱清洁工的学徒基本上是为他们的师傅所有。年仅6岁的男孩在热烟囱内辗转，会起水疱和被严重烧伤，骨骼畸形，如果他们挨过童年幸存下来，就会因接触煤焦油而患上睾丸癌。这种职业始于维多利亚时代，在18世纪末变得普遍。

11. L. Caspeta et al., *Science* 346, 75–8（2014）; C. Cheng and K. C. Katy, *Science* 346, 35–6（2014）.

12. D. Stanley et al., *Journal of Applied Microbiology* 109, 13–24（2010）; F. Lam et al., *Science* 346, 71–5（2014）.

13. J. E. DiCarlo et al., *Nucleic Acids Research* 41, 4336–43（2013）; G.–C. Zhang et al., *Applied and Environmental Microbiology* 80, 7694–701（2014）; V. Stovicek, I. Borodina, and J. Forster, *Metabolic Engineering Communications* 2, 13–22（2015）.

14. R. Mans et al., *FEMS Yeast Research* 15, fov004（2015）.

15. A. C. Komor et al., *Nature* 533, 420–4（2016）.

16. J. E. DiCarlo et al., *Nature Biotechnology* 33, 1250–5（2015）; J. Perkel, *Biotechniques* 58, 223–7（2015）.

17. N. P. Money, *Fungi: A Very Short Introduction*（Oxford: Oxford University Press, 2016）.

18. D. Klein–Marcuschamer et al., *Biotechnology and Bioengineering* 109, 1083–7（2012）.

19. A. J. Liska et al., *Nature Climate Change* 4, 398–401（2014）.

20. R. Yamada et al., *Biotechnology for Biofuels* 4, 1–8（2011）; Yamada et al., *AMB Express* 3, 1–7（2013）.

21. J. Nielsen et al., *Current Opinion in Biotechnology* 24, 398–404（2013）.

22. M. Kanellos, http://www.greentechmedia.com/articles/read/canisobutanol–

replace-ethanol, June 1, 2011; M. Fellet, *Chemical and Engineering News* 94（37），16-19（2016）.

23. https://www.nobelprize.org/nobel_prizes/medicine/laureates/2015/ tu-facts.html.

24. C. J. Paddon and J. D. Keasling, *Nature Reviews Microbiology* 12, 355-67（2014）. 盖茨基金会资助了加州大学研究人员、一家营利性公司和一家非营利公司之间的成功合作。

25. 1932年韦斯穆勒（Johnny Weissmuller）主演的《人猿泰山》（Tarzan the Ape Man）使人们对非洲农村生活的亟须改善有了更深刻的理解。

26. http://www.marketsandmarkets.com/PressReleases/human-insulin.asp.

27. B. Lam, *The Atlantic*, February 10, 2015.

28. L. E. Markowitz et al., *Pediatrics* 137, e20151968（2016）.

29. P. Stalmans et al., *The New England Journal of Medicine* 367, 606-15（2012）.

30. 营养酵母是维生素的丰富来源。

31. E. Whitman, http://www.ibtimes.com, April 10, 2015; http://www. drugabuse. gov/related-topics/trends-statistics.

32. 我的短语"镇定灵魂"的灵感来自弥尔顿的同名戏剧中，巴克斯（Bacchus）和喀耳刻（Circe）的儿子科马斯（Comus）对一位年轻女士的诱惑：

但这能治愈所有的疲劳，喝一口
会让灵魂沐浴在喜悦中
超越梦想的幸福。

——《科马斯》（*Comus*, 1634），810-812

33. W. C. DeLoache et al., *Nature Chemical Biology* 11, 465-71（2015）.

34. K. Thodey, S. Galanie, and C. D. Smolke, *Nature Chemical Biology* 10, 837-44（2014）; E. Fossati et al., *PLoS ONE* 10（4），e0124459（2015）.

35. http://www.skunk-skunk.com.

36. W. Davies, *BBC News* 2 October 2008, http://news.bbc.co.uk/2/hi/middle_east/7646894.stm.

37. 相比于转基因玉米中表达的Bt毒素，传统杀虫剂似乎对更广泛的非靶标昆虫具破坏性：J. A. Peterson, J. G. Lundgren and J. D. Harwood, *The Journal of Arachnology* 39, 1-21（2011）。

38. O. Tokareva et al., *Microbial Biotechnology* 6, 651-63（2013）.

39. http://www.boltthreads.com.

第六章

1. L. G. Nagy et al., *Nature Communications* 5, 4471（2014）.

2. C. T. Ingold, *Transactions of the British Mycological Society* 86, 325-8（1986）.

3. N. P. Money, *Nature* 465, 1025（2010）.

4. 拉丁名 *Auricularia auricula-judae* 的意思是犹太人的耳朵，指的是犹大，他在一棵老树上上吊自杀，以此赎罪。接骨木（Elder）是这种真菌赖以生存和结果实的植物之一。有关蘑菇的指南手册中，为了避免提及《圣经》和无意中的反犹太主义，将该拉丁名字缩短为 *Auricularia auricula*（黑木耳）。详见：N. P. Money, *Mushrooms: A Natural and Cultural History* (London: Reaktion Books, 2017)。

5. 用19世纪90年代发现者的话来说，镜像形成也叫 Spiegelbilderzeugung。当培养皿倒置时，镜像形成效果最好，因为孢子从酵母菌落中释放出来后就会落到盖子的下面。孢子被排出飞行的距离只有0.5毫米左右，但它们与制造现代培养皿的塑料之间能产生静电吸引，受此作用，真菌孢子能够在培养皿不倒置的情况下，在培养皿盖子下面作画。这个注释是在充分认识到不超过三到四个人会感兴趣的情况下写的。

6. 专业殡葬师的数量可能与专业真菌学家的数量相当。

7. A. H. R. Buller, *Researches on Fungi*, vol. 7 (Toronto: University of Toronto Press, 1950). 根据真菌分类学的规则规定，现在某些种的酵母属名由掷孢酵母属（*Sporobolomyces*）改为锁掷酵母属（*Sporidiobolus*）。

8. *Mycological Society of America Newsletter* XI, 1 (June 1960).

9. L. G. Goldsborough, "Reginald Buller: The Poet-Scientist of the Mushroom City," *Manitoba History* XLVII, 17-41 (2004). 他的一首伟大的诗是关于爱因斯坦广义相对论的打油诗. 这首诗于1923年发表在《笨拙》(*Punch*)杂志上：

> 有一位名叫光辉的年轻女士，
> 它的速度远远快于光速；
> 她以相对的方式
> 开始了一天，
> 并在前一天晚上返回。

10. A. Pringle et al., *Mycologia* 97, 866-71 (2005).

11. 梅奇尼科夫（Ilya Ilyich Mechnikov, 1845—1916），正文中采用了法语名字埃利（Élie），他的姓氏则以两种形式出现：Metchnikoff 和 Metschnikoff。这位伟大的科学家在其1884年发表的关于真菌感染水蚤的论文中署名为 Elias Metschnikoff。1899年，正式描述该酵母属时，这个署名被用作该酵母属的拉丁名。梅奇尼科夫一直为传记作家所偏爱。关于这些孢子的描述见：M.-A. Lachance et al., *Canadian Journal of Microbiology* 44, 279-88 (1998).

12. M. -A. Lachance et al., *Canadian Journal of Microbiology* 22, 1756-61 (1976). 我对孢子喷射过程的描述，有一些纯属"学术性臆测"，因为没有人通过刺穿昆虫肠道捕获过真菌。

13. C. P. Kurtzman, J. W. Fell, and T. Boekhout, eds., *The Yeasts: A Taxonomic Study*, 5th edition (Amsterdam: Elsevier, 2011).

14. T. D. Brock, *Milestones in Microbiology: 1546-1940* (Washington, DC: ASM

Press, 1999）.

15. A. I. Tauber and L. Chernyak, *Metchnikoff and the Origins of Immunology: From Metaphor to Theory*（New York: Oxford University Press, 1991）; L. Vikhanski, *Immunity: How Elie Metchnikoff Changed the Course of Modern Medicine*（Chicago: Chicago Review Press, 2016）.

16. S. Kaufmann, *Nature Immunology* 9, 705–12（2008）. 梅奇尼科夫在他用玫瑰刺刺破的海星幼虫中,描述了吞噬作用。水蚤的实验表明,同样的炎症细胞反应发生在被微生物感染的简单动物身上。

17. L. Carroll, *Through the Looking-Glass, and What Alice Found There*（London: Macmillan, 1871）.

18. S. R. Hall et al., *American Naturalist* 174, 149–62（2009）.

19. M.-A. Lachance and W.-M. Pang, *Yeast* 13, 225–32（1997）.

20. M. J. Schmitt and F. Breinig, *Nature Microbiology Reviews* 4, 212–21（2006）.

21. M. J. Schmitt and F. Breinig, *FEMS Microbiology Reviews* 26, 257–76（2002）; M. F. Perez et al., *PLoS ONE* 11(10), e0165590（2016）.

22. M. F. Madelin and A. Feast, *Transactions of the British Mycological Society* 79, 331–5（1982）. 马德林(1931—2007)是布里斯托尔大学的教授。

23. 据达尔文的信徒所知,麦考密克(Robert McCormick)在英国皇家海军"贝格尔号"第二次航行开始时被任命为该船的外科医生,以调查南美洲海岸。根据传统习惯,外科医生同时也是船上博物学家,所以麦考密克期待着在航行中收集动植物的机会。达尔文被聘为菲茨罗伊(Robert Fitzroy)船长的同伴和自筹资金的博物学家。麦考密克对达尔文作为同一艘船上的第二位博物学家的出现感到沮丧,在第四个月离开了探险队。J. W. Gruber, *The British Journal for the History of Science* 4, 266–82（1969）; H. L. Burstyn, *The British Journal for the History of Science* 8, 62–9（1975）.

24. J. L. F. Kock et al., *South African Journal of Science* 100, 237–40（2004）.

25. 通过将真菌暴露于产生细胞链的应激环境条件,可以使酵母属菌株具有菌丝行为(见第四章)。这被称为伪菌丝生长。双足囊菌属酵母比糖真菌更为活跃,能形成具有分支菌丝的三维菌落。

26. L. R. Tulasne and C. Tulasne, *Selecta Fungorum Carpologia*, 3 volumes（Paris: Imperatoris Jussu, In Imperiali Typographeo Excudebatur, 1861–5）. 果实学是植物学的一个分支,涉及果实和种子的研究。根据现代术语,其中规定果实和种子由植物生产,蒂拉纳兄弟描述了真菌的果实体和孢子。

27. N. P. Money, *Fungal Biology* 117, 463–5（2013）.

28. H. Nilsson et al., *Evolutionary Bioinformatics Online* 4, 193–201（2008）; R. Blaalid et al., *Molecular Ecology Resources* 13, 218–24（2013）.

29. Kurtzman, Fell, and Boekhout（n. 13）.

30. W. T. Starmer and M.-A. Lachance, *Yeast Ecology*, in C. P. Kurtzman, J. W. Fell, and T. Boekhout, *The Yeasts: A Taxonomic Study*, 5th edition (Amsterdam: Springer, 2011), 88–107.

31. J. A. Barnett, R. W. Payne, and D. Yarrow, *Yeasts: Characteristics and Identification*, 3rd edition (Cambridge: Cambridge University Press, 2000).

32. R. Richle and H. J. Scholer, *Pathologia et Microbiologia* 24, 783–93 (1961); C. H. Zierdt et al., *Antonie Van Leeuwenhoek* 54, 357–66 (1988).

33. S. N. Kutty and R. Philip, *Yeast* 25, 465–83 (2008).

34. D. Bass et al., *Proceedings of the Royal Society B* 274, 3069–77 (2007).

35. K. Takishita et al., *Extremophiles* 10, 165–9 (2006).

36. N. P. Money, *The Amoeba in the Room: Lives of the Microbes* (Oxford: Oxford University Press, 2014).

37. K.-S. Shin et al., *International Journal of Systematic and Evolutionary Microbiology* 51, 2167–70 (2001). 丝状真菌和红藻是最耐热的真核生物，能够在 55 ℃下生长。

38. Starmer and Lachance（见注释30）。

39. E. Branda et al., *FEMS Microbiology Ecology* 72, 354–69 (2010).

40. J. D. Castello and S. O. Rogers, eds., *Life in Ancient Ice* (Princeton, NJ: Princeton University Press, 2005).

41. L. Selbmann et al., *Fungal Biology* 118, 61–71 (2014).

42. M. N. Babič, et al., *Fungal Biology* 119, 95–113 (2015).

43. C. W. Bruch, in *Airborne Microbes* (Society for General Microbiology Symposium no. 17), edited by P. H. Gregory and J. L. Monteith, (Cambridge: Cambridge University Press, 1967), 345–73.

44. E. Ejdys, J. Michalak, and K. M. Szewczyk, *Acta Mycologica* 44, 97–107 (2009); R. I. Adams et al., *The ISME Journal* 7, 1262–73 (2013); A. J. Prussin and L. C. Marr, *Microbiome* 3, 78 (2015); B. Hansen et al., *Environmental Science: Processes & Impacts* 18, 713–24 (2016).

45. 最初对空气传播孢子数量的计算出现在莫尼的文章中（见注释36）。假设每个孢子的直径为1米的千万分之一，即10微米，并使用方程$4\pi r^2$计算其表面积，可得10^{23}个孢子的面积相当于非洲面积。

46. M. O. Hassett, M. W. F. Fischer, and N. P. Money, *PLoS ONE* 10 (10), e0140407 (2015).

47. C. S. Hoffman, V. Wood, and P. A. Fantes, *Genetics* 201, 403–23 (2015).

48. K. Nasmyth, *Cell* 107, 689–701 (2001).

49. V. Wood, *Nature* 415, 871–80 (2002).

50. J. M. Misihairabgwi et al., *African Journal of Microbiological Research* 9, 549–

56（2015）.

51. http://www.pombase.org.

第七章

1. P. Muñoz et al., *Clinical Infectious Diseases* 40, 1625–34（2005）; A. Enache Angoulvant and C. Hennequin, *Clinical Infectious Diseases* 41, 1559–68（2005）; R. Pérez-Torrado and A. Querol, *Frontiers in Microbiology* 6, 1522（2015）.

2. 他的弟弟心脏瓣膜有问题,有一天倒在金色的麦田里,原因不明:"苍白的死亡用公正的脚/敲着穷人的小屋和富人的城堡。"Horace, *Odes and Epodes*, Odes I.4, lines 13–14, Loeb Classical Library, translated by N. Rudd（Cambridge, MA: Harvard University Press, 2004）.

3. P. K. Strope et al., *Genome Research* 25, 1–13（2015）. 这项研究发现,临床菌株与非临床菌株的基因组之间存在细微差异,但这些差异可能使临床菌株在血液中蓬勃增殖的机制尚不清楚。

4. D. P. Jensen and D. L. Smith, *Archives of Internal Medicine* 136, 332–3（1976）; K. S. C. Fung et al., *Scandinavian Journal of Infectious Diseases* 28, 83–5（1996）.

5. 与普通酵母不同,布拉氏酵母在人体温度和酸性条件下生长良好。这些差异,加上布拉氏酵母独特的遗传特征,促使一些酵母生物学家将这种益生菌归类为一个独特的物种。这一归类法的问题是,酿酒酵母酿造菌株和烘焙菌株之间的遗传差异远大于布拉氏酵母和任何酿酒酵母菌株之间的遗传差异: L. C. Edwards-Ingram et al., *Genome Research* 14, 1043–51（2004）. 如果有人想查阅原始研究,请不要像我一样在网络搜索中拼写错误,省略了基因组（Genome）的第一个e。

6. 库尔茨上校由马龙·白兰度（Marlon Brando）在科波拉（Francis Ford Coppola）的电影《现代启示录》（Apocalyps, 1979年）中扮演,该片将康拉德（Joseph Conrad）1899年的中篇小说《黑暗之心》[*Heart of Darkness*,以利奥波德国王（King Leopold）时期的刚果为背景]的背景转移到了东南亚。我写的关于布拉尔的剧本《那该死!我的卧室锅在哪里?》（*Zut alors! Ou est mon pot de chamber*）似乎不太可能被拍成电影。

7. 益生菌行业的平衡观点见: L. E. Miller, *Journal of Dietary Supplements* 12, 261–4（2015）。

8. D. Czerucka, T. Piche, and P. Rampal, *Alimentary Pharmacology and Therapeutics* 26, 767–78（2007）; T. Kelesidis, *Therapeutic Advances in Gastroenterology* 5, 112–25（2012）; J.–P. Buts, *Digestive Diseases and Sciences* 54, 15–18（2009）.

9. M. I. Moré and A. Swidsinski, *Clinical and Experimental Gastroenterology* 8, 237–55（2015）.

10. L. Vikhanski, http://www.smithsonianmag.com/science-nature/science-lecture-accidentally-sparked-global-craze-yogurt-180958700/（April 11, 2016）.

11. https://www. ftc. gov/news-events/press-releases/2010/12/dannon-agrees-drop-exaggerated-health-claims-activia-yogurt.

12. P. D. Scanlon and J. R. Marchesi, *ISME Journal* 2, 1183–93（2008）; S. J. Ott et al., *Scandinavian Journal of Gastroenterology* 43, 831–41（2008）.

13. F. Cuskin et al., *Nature* 517, 165–9（2015）.

14. B. Cordell and J. McCarthy, *International Journal of Clinical Medicine* 4, 309–12（2013）.

15. B. K. Logan and A. W. Jones, *Medicine, Science and the Law* 40, 206–15（2000）.

16. A. Al-Awadhi et al., *Science and Justice* 44, 149–52（2004）.

17. A. Hunnisett and J. Howard, *Journal of Nutritional Medicine* 1, 33–9（1990）.

18. 有大量关于抗酿酒酵母抗体(anti-*Saccharomyces cerevisiae* antibodie, AS-CA)和克罗恩病的文献,感兴趣的读者可以参考互联网上的信息,注意事项是要查阅最好的同行评审期刊,作为探究该主题的客观指南。E. Israeli et al., *Gut* 54, 1232–6(2005)这篇文献被广泛引用。20世纪80年代,苏格兰研究人员首次认识到抗酿酒酵母抗体与克罗恩病之间的联系: J. Main et al., *British Medical Journal* 297, 1105–6（1998）。

19. F. Seibold, *Gut* 54, 1212–13（2005）. 由于抗酿酒酵母抗体可以用来预测克罗恩病的未来发展,因此对健康家庭成员中存在抗酿酒酵母抗体的解释变得复杂。没有克罗恩病但抗酿酒酵母抗体检测呈阳性的人通常会在以后的生活中出现克罗恩病症状。

20. 无麸质食品的流行对美国的购物者来说是显而易见的,食品行业很少有如此大的炒作。不过,有一些证据表明,没有乳糜泻的人也对麸质过敏: A. Fasano et al., *Gastroenterology* 148, 1195–204（2015）。

21. D. D. Karsada, *Journal of Agricultural and Food Chemistry* 61, 1155–9（2013）.

22. 同样(见注释18),关于乳糜泻和酵母的文献很多。人们可以从查阅以下资料开始,并在最近的文献中找到线索: D. Toumi et al., *Scandinavian Journal of Gastroenterology* 42, 821–6（2007）; L. M. S. Kotze et al., *Arquivos de Gastroenterologia* 47, 242–5（2010）。

23. M. Rinaldi et al., *Clinical Reviews in Allergy and Immunology* 45, 152–61（2013）.

24. W. G. Crook, *The Yeast Connection: A Medical Breakthrough*（New York: Vintage Books, 1986）.

25. J. Brisman, *Occupational and Environmental Medicine* 59, 498–502（2002）; J. Belchi-Hernandez, A. Mora-Gonzalez, and J. Iniesta-Perez, *Journal of Allergy and Clinical Immunology* 97, 131–4（1996）.

26. G. E. Packe and J. G. Ayres, *The Lancet* 326, 199–204（July 27, 1985）.

27. http://www.aaaai.org.

28. D. W. Cockcroft et al., *Journal of Allergy and Clinical Immunology* 72, 305–9（1972）.

29. J. Plazas et al., *AIDS* 8, 387–8（2012）.

30. V. Sharma, J. Shankar, and V. Kotamarthi, *Eye* 20, 945–6（2006）.

31. C. Beimforde et al., *Molecular Phylogenetics and Evolution* 78, 386–98（2014）.

32. C. P. Kurtzman, J. W. Fell, and T. Boekhout, eds., *The Yeasts: A Taxonomic Study*, 5th edition（Amsterdam: Elsevier, 2011）.

33. P. E. Sudbery, *Nature Reviews Microbiology* 9, 737–48（2011）.

34. B. J. Kullberg and M. C. Arendrup, *The New England Journal of Medicine* 373, 1445–56（2015）.

35. http://www.cdc.gov/fungal/diseases/candidiasis/candida–auris–alert. html.

36. K. Seider, *Current Opinion in Microbiology* 13, 392–400（2010）.

37. A. Boroch, *The Candida Cure: Yeast, Fungus and Your Health—The 90–Day Program to Beat Candida and Restore Vibrant Health*（Studio City, CA: Quintessential Healing, 2009）.

38. W. F. Nieuwenhuizen et al., *The Lancet* 361, 2152–4（2003）; M. Corouge et al., *PLoS ONE* 10（3）, e0121776（2015）.

39. A. Casadevall and L.–A. Pirofski, *Nature* 516, 165–6（2014）.

40. M. A. Ghannoum et al., *PLoS Pathogens* 6（1）, e1000713（2010）.

41. http://www.cdc.gov/fungal/diseases/index.html.

42. P. Zalar et al., *Fungal Biology* 115, 997–1007（2011）.

43. K. Findley et al., *Nature* 498, 367–70（2013）.

44. A. Velegraki et al., *PLoS Pathogens* 11（1）, e1004523（2015）.

45. A. Amend, *PLoS Pathogens* 10（8）, e1004277（2014）.

词汇表

ATP 腺苷三磷酸的缩写,一种作为可移动的化学能载体的分子,为每个细胞的生化反应提供能量。

单系生物群 没有共同祖先的生物群,各生物是沿着不同祖先的独立血统进化而来的。

担子菌 担子菌亚门的真菌,包括蘑菇、支架真菌、胶质真菌,以及感染植物的锈菌和黑穗病真菌。

端粒 保护染色体末端的DNA序列。

多系生物群 来自同一祖先的生物群。

二态性 在两种不同的生长形式之间切换,包括一些酵母物种表现为出芽单细胞和丝状菌丝菌落。

发酵 产生乙醇的糖代谢分解。

翻译 核糖体读取编码氨基酸序列的mRNA分子,合成蛋白质。

高尔基体 用于蛋白质分泌的细胞内膜系统。

好氧的 需要氧气;在有氧条件下发生的有氧代谢反应。

核糖体 负责蛋白质合成的细胞器。

宏基因组学 对从环境样本中获得的DNA序列进行高通量分析。

呼吸 生物学中有机分子氧化释放能量的通称。

基因组 一个生物体所拥有的全部遗传物质。

己糖激酶　一种参与分解葡萄糖或类似单糖的酶。

交配型　一个物种在生殖相互作用中,同一类型的细胞之间不兼容;由遗传学决定;大致相当于性别。

菌丝　真菌产生的微小丝状细胞,能穿透固体食物,释放酶,并通过顶端吸收营养。

开放阅读框　编码蛋白质的DNA序列。

领鞭毛虫　一种单细胞生物,以挤进其"领"的细菌为食。

密码子　DNA和RNA序列中的一系列三个字母(核苷酸),在蛋白质合成中用于指定单个氨基酸的位置;DNA密码子还包括决定开始和结束蛋白质合成过程的起始密码子和终止密码子。

内部转录间隔区　位于编码核糖体RNA的基因之间的DNA序列;有助于比较生物体的亲缘关系。

三羧酸循环　有氧呼吸中的第二组反应,释放二氧化碳并以ATP的形式产生化学能。

生物质　大量生物材料的广义术语;还可以用于描述制造第二代生物燃料的纤维作物废弃物。

糖酵解　糖代谢中的第一组反应,将一个葡萄糖分子经一系列反应转化为两个丙酮酸分子。

糖蜜　黑色黏稠糖浆,甘蔗和甜菜炼糖的过程中产生的副产品。

糖真菌　酿酒酵母。

吞噬作用　细胞从周围环境中摄取固体颗粒的机制。

细胞壁　生物体细胞周围的聚合物层,动物细胞和各种变形虫微生物无此结构。

纤维素　由葡萄糖分子聚合而成的多糖,是大部分植物细胞壁的主要组成部分。

线粒体　通过三羧酸循环和相关的生物化学过程以ATP形式产生

化学能的细胞器。

厌氧的 不需要氧气;无氧条件下发生的厌氧代谢反应。

乙醛 CH_3CHO,乙醇发酵(氧化)过程中产生的化合物。

阴道酵母 白念珠菌(白假丝酵母)。

原核生物 细胞中没有核膜包被的细胞核的一类生物体;细菌和古菌都是原核生物。

蔗糖 一种二糖,由一个葡萄糖分子和一个果糖分子结合而成。

真核生物 细胞中含有用于存放染色体的细胞核的生物体,如酵母和蘑菇、海藻、所有植物和所有动物。

质粒 存在于许多细菌、某些古菌和真核生物细胞中的、附带的小型环状DNA。

转录 以DNA为模板合成信使RNA(mRNA)分子的过程。

着丝粒 染色体的一部分,细胞分裂过程中分离染色体的分子机器在染色体上的锚定位点;也是DNA复制产生的两个染色体拷贝连接的位置。

子囊 修饰的细胞,子囊孢子生成的地方。

子囊孢子 子囊菌所特有的孢子。

子囊菌 子囊菌门的真菌,包括酵母属酵母、曲霉和其他常见的霉菌、块菌和羊肚菌。

图书在版编目(CIP)数据

酵母演义:真菌如何塑造人类文明/(英)尼古拉斯·P.
莫尼著;林凤鸣译. —上海:上海科技教育出版社,2023.12
(哲人石丛书.当代科普名著系列)
书名原文:The Rise of Yeast: How the Sugar Fungus
Shaped Civilization
ISBN 978-7-5428-8043-7

Ⅰ.①酵…　Ⅱ.①尼…　②林…　Ⅲ.①酵母菌−研
究　Ⅳ.①Q949.326.1
中国国家版本馆 CIP 数据核字(2023)第 236759 号

责任编辑　伍慧玲
封面设计　李梦雪

JIAOMU YANYI

酵母演义——真菌如何塑造人类文明
[英]尼古拉斯·P.莫尼　著
林凤鸣　译

出版发行　上海科技教育出版社有限公司
　　　　　(上海市闵行区号景路159弄A座8楼　邮政编码201101)
网　　址　www.sste.com　www.ewen.co
经　　销　各地新华书店
印　　刷　上海商务联西印刷有限公司
开　　本　720×1000　1/16
印　　张　12
版　　次　2023年12月第1版
印　　次　2023年12月第1次印刷
书　　号　ISBN 978-7-5428-8043-7/N·1203
图　　字　09-2022-0887
定　　价　48.00元